高分辨率主动微波遥感的土壤水分反演与不确定性分析

韩　玲　陈鲁皖　著

科学出版社

北　京

内 容 简 介

本书首先介绍了主动微波遥感反演土壤水分的基本理论和国内外研究现状，重点从主动微波定量反演中不确定性来源的角度，分析了在P、L、S、C、X五个不同频率下当地表参数（均方根高度、相关长度、土壤水分和土壤温度）和雷达入射角取不同值时，后向散射系数及其不同极化组合方式对地表粗糙度参数的响应规律；在此基础上，针对地表参数给主动微波遥感反演土壤水分带来的不确定性，提出了基于组合粗糙度参数和考虑地表差异性的土壤水分反演模型，以及改进的有效粗糙度参数反演算法和基于像元尺度粗糙度的贝叶斯概率反演算法；最后对各种土壤水分反演算法中地表粗糙度的不确定性进行量化分析。

本书可作为开展测绘、遥感、地理信息科学等专业的高等院校和科研院所的研究生用书，也可供从事微波定量遥感、土壤墒情监测、农林业等领域的研究人员及政府、企事业单位相关人员参考。

图书在版编目(CIP)数据

高分辨率主动微波遥感的土壤水分反演与不确定性分析/韩玲，陈鲁皖著. —北京：科学出版社，2019. 7

ISBN 978-7-03-061826-9

Ⅰ. ①高… Ⅱ. ①韩… ②陈… Ⅲ. ①高分辨率-微波遥感-应用-土壤含水量-土壤监测 Ⅳ. ①S152. 7

中国版本图书馆CIP数据核字（2019）第139017号

责任编辑：刘浩旻 韩 鹏 白 丹 / 责任校对：张小霞
责任印制：吴兆东 / 封面设计：铭轩堂

科 学 出 版 社 出版
北京东黄城根北街16号
邮政编码：100717
http://www.sciencep.com
北京建宏印刷有限公司印刷
科学出版社发行 各地新华书店经销
*
2019年7月第 一 版 开本：787×1092 1/16
2025年2月第三次印刷 印张：8 1/2
字数：200 000

定价：233. 00 元

（如有印装质量问题，我社负责调换）

前　言

土壤水分（soil moisture，M_v）在农业、林业、生态学、水文学和气象学等领域研究中是重要参数，因此，在这些众多学科领域中，大范围、实时、准确和动态地反演土壤水分是很有必要的。主动微波遥感技术具有高分辨率、穿透性、全天时、全天候、多极化等优势，而且微波信号对土壤水分非常敏感，因此，主动微波遥感是目前反演高精度土壤水分产品的重要技术手段。本书以裸土地区为研究区，对于裸土地区，主动微波传感器接收到的地表散射主要来源于地表粗糙度（均方根高度 s 和相关长度 l）、土壤水分等地表参数，那么影响微波对土壤水分敏感性的干扰因素主要就是地表粗糙度。本书把研究重心放在消除地表粗糙度给土壤水分反演带来的不确定性上。裸土地区地表参数给主动微波遥感反演土壤水分带来的不确定性主要包括以下几个方面。

（1）地表参数量测的不确定性：受物理量测手段的限制和人为的误差带来的不确定性；

（2）地表参数与参与反演的其他参数尺度不匹配引起的不确定性：反演模型中参与反演的后向散射系数是基于像元尺度的，与点测量的地表参数的尺度不匹配，从而引起反演误差；

（3）地表差异性引起的不确定性：反演算法应用在地表差异性较大的区域，带来算法不适用引起的不确定性。

本书将从这几个方面研究如何有效去除主动微波遥感土壤水分反演中地表粗糙度参数的不确定性，并对粗糙度参数的不确定性进行量化分析，主要研究内容与成果如下。

（1）研究了后向散射系数（σ^0）及其不同极化组合方式与均方根高度、相关长度、土壤水分、雷达入射角（θ）等参数的关系。重点分析了在 P、L、S、C、X 五个不同频率下，后向散射系数在其他参数取不同值时对地表粗糙度参数的响应规律，为土壤水分反演中去除地表粗糙度的影响和避免不确定性提供理论依据。分析总结不同频率下后向散射系数及其不同极化组合方式与地表粗糙度的关系，为土壤水分反演算法应用于不同频率的微波反演奠定基础。

（2）提出了基于组合粗糙度参数和考虑地表差异性的土壤水分反演模型。组合粗糙度用一个参数来表示均方根高度和相关长度，在一定程度上减少了粗糙度带来的不确定性对后向散射系数的影响，本书构建了在较大的范围内都适用的组合粗糙度参数，在此基础上结合地表实测数据建立土壤水分反演经验方程；然后使用基于多元遥感影像分割和区域特征相似度的方法来表征地表差异性，降低了算法不适用带来的不确定性。

（3）提出了改进的有效粗糙度参数反演算法。目前有效粗糙度反演方法中忽略了不同地表差异性，反演时均方根高度都取一个固定值，影响了反演精度，本书针对此问题将反演区域分解为像元，寻找每个采样点所在像元反演土壤水分结果精度最高时的有效 s、l 取值，然后建立最佳有效均方根高度、有效相关长度与后向散射系数之间的经验函数，从而为每个像元求得最佳有效粗糙度，再使用查找表（look-up tables，LUT）法反演土壤水分，有效提高了反演精度，也避免了采用地表粗糙度的实测值参与反演引入的不确定性。

（4）提出了基于像元尺度粗糙度的贝叶斯概率反演算法。为避免土壤水分反演过程中使用地表参数实测值而引入新的不确定性，基于贝叶斯理论构建粗糙度的双参数概率反演算法，使用SAR影像后向散射系数极化组合和粗糙度先验知识，得到均方根高度和相关长度的联合后验概率分布，在此基础上利用边缘概率分布计算得到各粗糙度参数的分布，再分别计算均方根高度和相关长度的数学期望，得到这两个参数的最优估计，并用粗糙度参数的方差来量化反演结果的不确定性。该方法不需要任何实测数据参与反演，可以很好地消除地表参数实测值带来的不确定性，而且参与反演的后向散射系数本身是像元尺度的，那么反演得到的粗糙度参数也是像元尺度的，从而建立了粗糙度参数与后向散射系数之间的像元尺度关系。

（5）对土壤水分反演算法中的粗糙度参数——均方根高度、相关长度和组合粗糙度进行不确定性量化分析，研究粗糙度参数的不确定性在土壤水分反演过程中的传播。为了定量描述土壤水分反演过程中粗糙度参数的不确定性，以各粗糙度参数的标定值为期望，不同粗糙度参数使用不同标准差形成噪声量级，每个噪声量级生成1000个加入高斯噪声的模型参数集合，将该参数集合输入到AIEM模型和Oh模型中得到带噪声的后向散射系数的模拟集合，再使用本书提出的基于有效粗糙度的土壤水分反演方法进行反演，根据反演结果的均方根误差和方差来量化粗糙度参数带来的不确定性，并通过响应曲线研究粗糙度参数对土壤水分反演的影响。使用偏度、峰度和四分位距来量化组合粗糙度的不确定性，在组合粗糙度中加入不同量级的高斯噪声进行随机扰动，利用本书提出的基于组合粗糙度的土壤水分反演方法得到土壤水分反演结果，再根据反演结果与实测值的RMSE确定满足反演精度要求的组合粗糙度误差控制范围。

本书是在国家重大高分专项“军事测绘专业处理与服务系统地理空间信息融合处理分系统”（GFZX04040202-07）、陕西省自然科学研究计划重点项目“基于生态系统服务的重大土地工程生态效应评估”（2017JZ009）、中央高校基本科研业务费优秀博士培育项目“基于国产高分辨率SAR影像的干旱半干旱地区土壤含水量反演研究与应用”（310826175031）等项目的资助下完成的。值本书完成之际，诚挚地感谢地理信息工程国家重点实验室、陕西省土地整治重点实验室、长安大学等单位的资金支持，感谢地理信息工程国家重点实验室方勇研究员、北京航天宏图信息技术股份有限公司技术总监刘东升高级工程师的热情帮助和指点。

全书共分7章，第1章介绍了主动微波遥感土壤水分反演的学科背景和国内外研究现状；第2章重点介绍了微波遥感的基本原理、常用地表参数、研究区及试验数据的基本情况；第3章为裸露地表微波散射特征研究，分析了不同频率时不同极化组合方式的雷达后向散射系数对各个地表参数的响应规律；第4章在介绍现有几种去除粗糙度不确定性的土壤水分反演算法的基础上，针对各算法所存在的问题，提出了考虑到地表差异性的基于组合粗糙度参数和区域特征相似度的土壤水分反演模型；第5章针对土壤水分反演时参与反演的地表参数实测值引入的不确定性，提出了改进的有效粗糙度反演算法和贝叶斯概率反演粗糙度算法；第6章分析了地表粗糙度参数在土壤水分反演中的不确定性；第7章总结了本书的研究成果、创新点和下一步努力的方向。本书由长安大学韩玲教授和南昌工程学院陈鲁皖博士共同撰写，其中本书的第1章由韩玲、陈鲁皖编写；第2、3、4、5、6章由陈鲁皖编写；第7章由韩玲、陈鲁皖编写；全书由韩玲统合定稿。

由于作者水平有限，主动微波土壤水分反演领域较为宽广，书中难免有不足和疏漏之处，请广大读者批评指正。

作　者

2018年12月于西安

目　　录

第1章　绪　论

1.1　研究背景及意义

水是地球上最普遍的物质，是生物生存的基本前提。在地球表面，淡水资源中0.05%以上都是以土壤水分（soil moisture，M_v）的形式存在[1]。土壤水是陆地水资源的重要组成部分，并向陆生植物不间断地提供所需的水分[2]。在Korzoun和Sokolov的统计中[3]，约有165 000亿m^3的包气带土壤水；刘昌明和杜伟[4]统计我国约有33 550亿m^3的土壤水分总储量。土壤水不仅有数量大的特点，而且与人类生存的环境及人民生活密切相关[5]，虽然人类不能直接提取利用土壤水分，但土壤水分却是影响生态、水文、气候等陆面过程的关键要素[6]。

从全球尺度来看，土壤水分在全球气候系统中属于核心变量之一，土壤水分的动态变化与时空分布对大气环流、陆地-大气间的热量平衡产生重要影响。土壤水分控制着地球表面和大气之间能量和物质的交换[7]，不仅在全球碳循环、陆地水循环、气候变化机制和干旱预警模型中是重要参与因素，还在植被蒸腾作用和地表水蒸发中扮演着重要的角色[8]，是农业、林业、生态学、水文学和气象学等领域研究中较多模型的重要参数[9]。从区域尺度来看，土壤水分的时空分布在农业生产、干旱检测和田间灌溉管理等方面也具有非常重要的意义，尤其是在干旱半干旱地区，土壤水分掌握着农作物的健康状况和生长状态[10]，是影响农作物产量的决定性因素[11]。因此，建立一套大范围、实时、动态、客观和较高精度的土壤水分反演方法[12]，有助于解决如农作物生长监测、流域水文模型、全球水循环规律等方面的问题，因此土壤水分反演是很多学科领域的研究和应用热点。

由于土壤水分在诸学科中的重要性，怎样获取到高精度的土壤水分信息是当前研究的核心问题。传统的地表物理观测手段难以准确得到大尺度范围的土壤水分信息[13]，而使用卫星遥感技术可以获取全球尺度范围内的土壤水分信息，并且具有获取速度快、结果实时动态等优点，是区域尺度范围和全球尺度范围获取土壤水分信息的有效技术手段。利用遥感技术反演土壤水分的方法有微波遥感反演和光学-热红外反演，其中光学-热红外反演方法由于受云覆盖、地表植被覆盖等因素的影响，土壤水分反演结果的精度不高。微波遥感技术具有全天候、全天时、不受云雨干扰的观测能力[14]；微波介电特性与土壤水分密切相关，使微波遥感技术成为观测地表土壤水分最具有潜力的手段[15]。目前已有十余种基于微波遥感技术监测土壤水分的成熟产品发布，提供了近40年不同尺度范围的土壤水分监测数据集。常用的被动微波传感器空间分辨率较低（<25km），使得基于被动微波遥感技术的土壤水分产品具有较低的空间分辨率，为土壤水分参与的各种科学研究模型引入了不确定性。主动微波遥感穿透性强且不受太阳

照射条件的影响，不但具有全天时全天候的优势[16]，还具有多极化、空间分辨率高等优势，而且后向散射系数对地表土壤水分的反应非常敏感，因此利用主动微波遥感来反演土壤水分是较为有效的手段[17]。目前主动微波遥感中对地观测最重要的技术之一是合成孔径雷达（synthetic aperture radar，SAR）技术[18]。

在微波波段，地表土壤的介电常数随着土壤水分的增加而增加，而随着土壤介电常数的变化，雷达后向散射系数也随之变化[19]。除了土壤的介电常数以外，地表粗糙度、植被覆盖、雷达入射角和频率等参数都会影响雷达后向散射系数的变化。主动微波探测土壤水分的物理机制是土壤表面的后向散射系数与土壤水分、地表粗糙度、地表物质介电特性、土壤物理特性（结构、成分）、植被特性（数量、结构）及雷达系统参数（入射角 θ、频率 f）密切相关[20]。其中土壤水分、地表粗糙度和植被特性对后向散射系数的影响更大，所以在裸土地区，利用主动微波遥感反演土壤水分的研究重点是如何有效消除地表粗糙度对后向散射系数的影响[21]，尽可能去除反演过程中的各种不确定性来源，以提高土壤水分的反演精度。

基于主动微波遥感的土壤水分反演与其他定量遥感应用一样存在不确定性。在主动微波遥感土壤水分反演过程中，每一步都可能引入不同类型的不确定性[22]。主要包括：理论模型正演时由模型自身的不准确引起的不确定性，引入参与反演各参数（主要是地表参数）的不确定性所带来的不确定性，由于地表差异性而算法不适用带来的不确定性。

对于裸土地区而言，给定雷达影像进行土壤水分反演时，雷达入射角和频率已知，没有植被覆盖的影响，土壤水分反演结果不确定性的主要来源之一就是地表粗糙度[23]。地表粗糙度带来不确定性的主要因素有两个。首先，在野外同步观测时，由于受物理测量技术的限制，粗糙度参数的物理实测值存在较大测量误差，极大地影响了土壤水分反演精度[24]，如何避免粗糙度参数物理实测值误差的影响是目前土壤水分反演算法中需要改进的问题；其次，粗糙度参数物理实测值都基于微观尺度进行测量，而雷达后向散射系数是基于像元尺度的[25]，尺度不匹配会引起反演结果的不确定性，需要建立后向散射系数与粗糙度参数之间像元尺度的对应关系。算法不适用带来的不确定性主要是在反演过程中没有考虑地表差异性[26]，反演区域与采样区域的土壤水分、地表粗糙度、地表物质介电特性、土壤物理特性等方面存在差异，依赖于采样点地表参数实测值的土壤水分反演算法应用于地表差异较大的区域时，会因为算法不适用引入不确定性。因此，去除地表粗糙度带来的不确定性，表征地表差异性避免算法不适用带来的不确定性，并对粗糙度参数的不确定性进行量化，尽可能避免这些不确定性，对提高土壤水分的反演精度有重要的意义[27]。

本书在国家重大高分专项“军事测绘专业处理与服务系统地理空间信息融合处理分系统”（GFZX04040202-07）、陕西省自然科学研究计划重点项目“基于生态系统服务的重大土地工程生态效应评估”（2017JZ009）、中央高校基本科研业务费优秀博士培育项目“基于国产高分辨率 SAR 影像的干旱半干旱地区土壤含水量反演研究与应用”（310826175031）等项目的资助下，针对目前主动微波遥感土壤水分反演中存在的问题，基于多极化多角度高分辨率 SAR 数据（ENVISAT ASAR），选择 AIEM 和 Oh 模型，提出了几种去除地表参数不确定性的裸土地区土壤水分反演算法，并量化分析了粗糙度参数在土壤水分反演过程中的不确定性。首先，为了避免地表粗糙度和地表差异性带来的不确定性，发展了组合粗糙度的构建形式和地表差异性表征方法；其次，改进有效粗糙度反演算法，以避免粗糙度物理测量值的不确定性；再次，引入贝叶斯概率反演算法，基于后向散射系数之差和粗糙度参数的先验知识反演像元尺度的粗糙度，获得了像元尺度的粗糙度参数；然后，对地表粗糙度在土壤水分反演过程中的不确定性进行了定量分析；最终构建了三种不同的适合裸露地表的土壤水分反演算法，为快速、大范围地获取高精度土壤水分信息提供理论与方法支持。

1.2 基于主动微波遥感的土壤水分研究现状

1.2.1 主动微波传感器的发展现状

美国国家航空航天局（National Aeronautics and Space Administration，NASA）[28]于1978年发射了海洋卫星（SEASAT），该卫星搭载了合成孔径雷达。而后世界各国都陆续发射了多种搭载主动微波传感器的卫星（表1.1），主动微波传感器发展极为快速。Radarsat-1是加拿大[29]于1995年发射的C波段商业雷达卫星，并于2007年发射了Radarsat-2[30]，可获取全极化的雷达影像，应用于地表土壤水分高精度反演。ENVISAT（Environmental Satellite）是欧洲太空署[31]（European Space Agency，ESA）于2002年发射的搭载高级合成孔径雷达（Advanced Synthetic Aperture Radar，ASAR）的环境监测卫星，可提供多种模式、不同分辨率、多角度的C波段雷达影像，ENVISAT在长达十年（2002～2012年）的在轨工作期间获得了大量的雷达影像数据。作为ENVISAT的后续卫星，ESA于2014年发射了Sentinel-1[32]。德国于2007年发射的TerraSAR-X[33]与2010年发射的姊妹星TanDEM-X可像人的双眼一样[34]，使用X波段精确扫描地球表面，最终绘制出高精度的全球范围数字高程模型[35]。意大利于2007年发射的高分辨率雷达卫星星座COSMO-SkyMed共有4颗X波段雷达卫星[36]。日本于2006年发射的全极化L波段ALOS/PALSAR可用于全球尺度地壳运动和地球环境监测[37]；2014年发射的ALOS-2/PALSAR-2具有高达1m的空间分辨率[38]。NASA于2015年发射的土壤水分主被动观测卫星（Soil Moisture Active and Passive，SMAP），能够获取亮温和后向散射观测数据[39]。

我国于2006年4月发射的遥感卫星一号是合成孔径雷达侦察卫星，空间分辨率为5m[40]。遥感卫星三号于2007年发射，也是合成孔径雷达侦察卫星，具有更高的空间分辨率[41]。2012年11月19日环境一号C星发射，其配置S波段合成孔径雷达[42]，具备空间分辨率5 m条带和20 m扫描两种成像模式[43]。高分三号卫星于2016年发射，是C波段多极化合成孔径雷达卫星，也是我国首颗分辨率达到1m的雷达卫星[44]。我国正在计划在未来5年内发射搭载L/S/C波段的微波辐射计和X/Ku波段的微波散射计的全球水循环观测卫星（Water Cycle Observation Mission，WCOM）[45]，对全球水循环系统开展不同波段（L/S/C/X/Ku）、多种极化方式、主被动微波联合的高精度监测，其中就包括对土壤水分的监测。这些高分辨率国产SAR卫星的投入使用将改善我国民用天基高分辨率SAR数据全部依赖进口的现状[46]。

表1.1　主动微波遥感卫星[47]

国家	卫星	空间分辨率/m	波段	发射时间
加拿大	Radarsat-1	8～100	C波段	1995年11月
加拿大	Radarsat-2	1～100	C波段	2007年12月
欧洲	ENVISAT	10～30	C波段	2002年3月
欧洲	Sentinel-1	5～40	C波段	2014年4月
德国	TerraSAR-X	1～16	X波段	2007年6月
意大利	COSMO-SkyMed	1～100	X波段	2010年11月
日本	ALOS	7～100	L波段	2006年1月
日本	ALOS-2	1～100	L波段	2014年5月
美国	SMAP	3000	L波段	2015年1月
中国	环境一号C星	5～20	S波段	2012年11月
中国	高分三号	1～500	C波段	2016年8月

由此可见，各国发射的多种雷达卫星可提供多波段、多角度、多极化、不同空间分辨率的雷达影像以进行土壤水分反演研究[48]。

1.2.2　地表参数同步观测试验

自20世纪80年代以来，为研究和验证地表参数（包括土壤水分的反演算法），各国开展了多种野外实地同步观测试验[49]。

美国农业部（United States Department of Agriculture，USDA）[50]和NASA在1992年和1994年合作进行了水文观测试验"Washita '92"和"Washita '94"[51,52]，主要是使用L波段微波辐射计结合同步观测的土壤水分实测数据，探索L波段微波反演土壤水分的潜力，美国于1997年和1999年在南部大平原地区分别进行了南部大平原水文试验SGP97和SGP99[53,54]，主要目的是基于机载微波遥感影像完成大尺度范围的土壤水分分布图。为了验证AMSR-E[55]土壤水分反演算法，NASA和USDA于2002年在艾奥瓦州进行了SMEX02-OS[56]土壤水分监测试验，获取到大量SAR影像、可见光卫星影像、航空遥感影像，还有同期地面量测得到的土壤水分、地表粗糙度、土壤质地等各种相关数据[56]；又在俄克拉何马州等地分别于2003年和2004年进行了SMEX03[57]和SMEX04[58]等后续试验。

为了验证基于SMOS卫星的土壤水分反演算法，很多国家的研究人员分别进行了多种土壤水分监测试验。澳大利亚于2005年和2006年进行了国家航空地面试验

(National Airborne Field Experiment, NAFE05[59]和NAFE06[60])。作为后续试验,又于2010年进行了航空标定/验证试验(Australian Airborne Cal/Val Experiment for SMOS, AACES)[61],获得了大量航空微波遥感影像和同期的土壤水分实测数据[62]。为验证SMOS土壤水分反演算法,加拿大也于2010年进行了土壤水分试验(Canadian Experiment for Soil Moisture in 2010, CanEx-SM10)[63]。

SMAP卫星发射成功后,与SMAP计划相应的土壤水分试验随之进行。澳大利亚莫纳什大学于2010年7月开展的SMAPEx系列试验[64]进行了大量的同步监测。美国喷气推进实验室(Jet Propulsion Laboratory, JPL), NASA和USDA于2008年在美国进行了SMAPVEX系列试验[65]——SMAPVEX08[66],又于2012年、2015年和2016年在美国和加拿大选取试验区进行了SMAPVEX12[67]、SMAPVEX15[68]、SMAPVEX16[69]等后续试验。

此外,我国由中国科学院寒区旱区环境与工程研究所联合多家科研单位于2007~2009年在甘肃黑河流域进行了"黑河综合遥感联合试验"(WATER)[70],在黑河中游地区开展航空遥感、卫星遥感与地表参数的地面同步观测试验,获取了大量高分辨率SAR影像和包括土壤水分、地表粗糙度在内的同期地表实测数据。2012~2015年中国科学院寒区旱区环境与工程研究所又联合多家科研单位在黑河流域开展了"黑河流域生态-水文过程综合遥感观测联合试验"(HiWATER)[71],也进行了大量地面土壤水分监测试验。

1.2.3 主动微波遥感土壤水分反演现状

国内外研究人员在利用主动微波遥感进行土壤水分反演方面做了大量探索和应用。美国自1992年开始进行了大量实验,如"Washita '92"、"Washita '94"、SGP97和SGP99实验,对利用后向散射系数反演土壤水分的可能性和潜力进行了研究和应用[72]。在利用主动微波反演土壤水分的算法方面,研究人员已获得了很多成果。首先,构建了很多微波散射模型[73],发展了基于模型的反演算法,其中常用的理论正演模型主要有基尔霍夫模型(Kirchhoff Approximation, KA)[72,74][几何光学模型(Geometric Optical Model, GOM)和物理光学模型(Physical Optical Model, POM)][75]、小波扰动模型(Small Perturbation Model, SPM)、积分方程模型(Integral Equation Model, IEM)[76-81]和高级积分方程模型(Advanced Integral Equation Model, AIEM)[82-86]。还有基于裸露地表的土壤水分反演经验和半经验模型[87],如Oh模型[88-91]、DobioS模型[92]和Shi模型[93]等,以及适用于植被覆盖地表的土壤水分反演模型[94],如水云模型[95]、MIMICS模型[96]等。在后面的章节中将会对这些模型做进一步的介绍。基于这些模型,有很多算法用来反演土壤水分(表1.2),如变化检测法[97-101]、线性-非线性插值法[102,103]、代价函数法[104]、查找表法[105]、迭代法[106];除了基于这些模型的土壤水分反演算法,还有很多基于非参数方法的土壤水分反演算法[107],如贝叶斯后验估计法[108]、人工神经网络法[109]和支持向量机法[110]等算法。

表 1.2 基于主动微波遥感的土壤水分反演算法

算法	优势	不足
变化检测算法	算法简单，容易实现	需要多时相数据，假设强，精度低
线性/非线性拟合函数法	简单最小二乘拟合，容易实现	尺度依赖性强，拟合函数依赖性强，对样本有依赖
代价函数法	物理机制明确，多目标同步估计	复杂，多解性，计算耗时大
查找表法	效率高，多目标同步估计	多解性
迭代法	算法原理简单，易实现	需要选定合适的初值，否则有可能得不到收敛的结果，计算量大
人工神经网络	无须物理理解，可无限逼近	对样本有依赖
支持向量机	实现方法简单	对样本有依赖

现有的这些算法在实际应用中都存在一定的局限性，其中变化检测法需要多时相数据，反演精度较低；线性-非线性拟合函数法、贝叶斯后验估计法、人工神经网络法和支持向量机法都不同程度地依赖 SAR 卫星同步的地表实测数据，而在土壤水分反演的实际应用中，要想及时获取与 SAR 卫星同步的地表实测数据基本上是很难实现的，这一点就极大地限制了很多算法的应用；虽然代价函数法、查找表法不依赖地表实测数据，但还是存在反演结果多解性和反演精度不高的问题。

1.2.4 土壤水分反演的不确定性研究现状

早在20 世纪70 年代国外就开始了定量遥感的不确定性研究，很多研究集中在定量遥感提取结果的精度评价上，而对定量参数反演中的不确定性的研究则很少。随着新一代对地观测卫星的陆续发射，大量标准遥感数据产品的出现带来了关于数据产品质量的精度验证问题，从而带动了新的定量遥感不确定性研究的高潮[22]。

在微波遥感土壤水分反演领域，土壤水分反演的不确定性分析也是当前研究的热点[111]，很多研究人员在这方面做了大量工作。Keyser 等[112]提出了一种基于线性回归的粗糙度参数化方法，并使用概率分布对其不确定性进行估计，通过反演模型进一步传播不确定性，得到土壤水分反演的概率分布[111]。Fernández-Gálvez[113]认为大多数土壤水分反演方法依赖于土壤水分与介电特性之间的关系，比较了包含这种关系的 9 种反演模型，并对土壤水分和介电特性之间的不确定性引起的误差进行量化[111]。Verhoest 等[114]研究发现，利用 SAR 进行土壤水分反演，地表粗糙度参数的不确定性是导致土壤水分反演误差的重要来源。李大治[115]通过集合反演来研究土壤水分反演过程中由观测误差、模型参数误差及不同的反演策略所引起的不确定性[116]。Ma 等[117]提出了一种基于贝叶斯定理和蒙特卡罗马尔可夫链方法的土壤水分概率反演（PI）算法，能够定量描述土壤水分反演的不确定性，通过最大似然估计得到高精度的土壤水分估计[111]。Vernieuwe 等[118]在综合生成粗糙度数据集的基础上，独立估计粗糙度参数的概率分布，均方根高度和相关长度之间通过联合概率分布来关联。Konings 等[119]认为微波辐射计反演土壤水分的方法中有几种不确定性来源，包括混合介质、表面粗糙度、浓密植被，这些不确定性会导致系统偏差和随机误差。国内外在微波遥感土壤水分反演领域的大量不确定性研究为进一步深入研究提供了技术基础。

1.3 主要研究内容

本书依托高分辨率对地观测系统重大专项“军事测绘专业处理与服务系统地理空间信息融合处理分系统”（GFZX04040202-07）的可见光微波影像自动配准、联合平差与土壤含水量反演软件模块，针对目前在主动微波土壤水分反演中所存在的地表粗糙度参数引起的不确定性、地表差异性引起的算法适用性、地表实测值与反演结果尺度不匹配和反演的不确定性量化等问题，主要从以下几个方面展开研究和讨论，以期对基于高分辨率主动微波遥感的土壤水分反演算法的改进提供一定的研究思路。

1）分析后向散射系数的不同特征

分析研究裸露地表的不同极化组合方式的后向散射系数特征。通过选择 AIEM 和 Oh 模型来模拟后向散射系数，给定范围的均方根高度、相关长度、土壤水分、雷达入射角和频率等参数取值不同时，分析不同极化方式的后向散射系数、后向散射系数的差和后向散射系数的比对土壤水分、均方根高度、相关长度、组合粗糙度和雷达入射角响应的变化规律。

2）基于组合粗糙度的土壤水分反演方法

研究普适性更好的组合粗糙度形式。根据粗糙度的取值范围，基于曲面拟合思想构建一种适用范围更大的像元尺度组合粗糙度参数，为土壤水分反演模型的构建提供新的参数。研究基于多元遥感影像分割和区域特征相似度的地表差异性问题。针对应用土壤水分反演经验方程中出现的地表差异性问题，通过主成分分析法（PCA）和 Mean Shift 算法对反演区域进行分割，计算各分割区域与样方区域的特征向量间的马氏距离，利用区域相似度来表征地表差异性，以此为基础可将土壤水分反演经验方程应用于大尺度区域研究中。

3）有效粗糙度参数反演算法的改进

针对目前有效粗糙度反演算法中忽略不同地表差异性导致均方根高度取值固定的问题，构建了最佳有效均方根高度、有效相关长度与后向散射系数之间的经验函数，从而可以逐像元求得有效粗糙度，避免采用地表粗糙度的实测值，为土壤水分反演模型的构建提供了基础。

4）基于像元尺度粗糙度的贝叶斯概率反演算法

使用 ASAR 影像，基于贝叶斯理论构建粗糙度的双参数概率反演算法，得到待均方根高度和相关长度的后验概率分布，在此基础上利用边缘概率分布计算得到粗糙度参数的分布，再计算各粗糙度参数的数学期望得到粗糙度参数的最优估计，以粗糙度参数的方差来量化反演结果的不确定性。

5）量化粗糙度参数在土壤水分反演中的不确定性

对粗糙度参数进行不确定性分析，并分析粗糙度参数的不确定性在土壤水分反演过程中的传播，定量表示参数误差引起的不确定性；通过在后向散射系数中加入不同量级的高斯噪声进行随机扰动的方法，来研究和量化观测误差的不确定性。

1.4 本书结构

本书在介绍相关研究背景及存在问题的基础上，主要分为理论基础、算法研究、不确定性量化分析 3 个部分，理论基础是主动微波遥感反演土壤水分的相关理论支持；算法研究是基于主动微波遥感土壤水分反演算法的关键，主要是为去除地表参数的不确定性而进行的几点改进；不确定性量化分析是在前续研究的基础上对粗糙度参数不确定性进行量化研究。最后是本书的结论。围绕研究内容，本书共分为 7 章进行论述，各章内容安排如下。

第 1 章为绪论。主要介绍本书的研究背景及意义、基于主动微波遥感的土壤水分反演的研究现状及存在的问题、本书的主要研究内容及结构。

第 2 章为相关理论基础及研究区概况。分别介绍了微波遥感的基本原理、常用地表参数、研究区的基本概况和本书试验所采用数据的基本情况。

第 3 章为裸露地表微波散射特征研究。选择 AIEM 和 Oh 模型分别模拟同极化后向散射系数和交叉极化后向散射系数，当地表参数（均方根高度、相关长度、土壤水分）、雷达系统参数（入射角、频率）取不同值时，分析不同频率时不同极化组合方式的雷达后向散射系数对各个参数的响应。

第 4 章为基于组合粗糙度和地表差异性的土壤水分反演方法。首先介绍了目前常用的几种去除粗糙度不确定性的土壤水分反演算法，然后针对各算法所存在的问题，提出了考虑地表差异性的基于组合粗糙度参数和区域特征相似度的土壤水分反演模型，并设计验证实验，利用研究区的 ENVISAT 影像和同步实测数据对提出的反演算法进行验证，并比较了反演精度。

第 5 章为基于像元尺度粗糙度的土壤水分反演方法。第四章中构建的组合粗糙度虽然可以简化粗糙度的影响，但是在反演时依然需要将地表实测的粗糙度值代入经验方程中进行反演。针对此问题提出了一种改进的有效粗糙度反演算法，使用有效粗糙度来代替粗糙度实测值参与反演。在有效粗糙度反演过程中依然依赖地表土壤水分的实测值，又会引入新的不确定性，针对这个问题，本章提出的贝叶斯概率反演粗糙度算法，可以不依赖任何实测数据反演得到基于像元尺度的粗糙度。

第 6 章为土壤水分反演的不确定性分析。具体内容包括选取粗糙度参数均方根高度和相关长度进行不确定性分析，通过土壤水分反演方法研究粗糙度参数在反演过程中的不确定性。然后通过对组合粗糙度加入不同量级的高斯噪声进行随机扰动的方法，来对组合粗糙度的不确定性及反演土壤水分的不确定性进行定量分析，使用峰度、偏度和四分位距这 3 个指标来量化不确定性，并得到满足反演精度要求的组合粗糙度误差控制范围。

第 7 章是结论。主要包括本书的研究成果、创新点，以及研究中存在的问题和下一步努力的方向。

第2章　理论基础及研究区概况

本章主要对后续研究内容所需的微波遥感相关的理论基础、参与土壤水分反演的地表参数、地表散射模型、研究所需的雷达影像和数据来源进行介绍。有关微波遥感的理论基础包括微波遥感的简介、雷达方程与后向散射系数和雷达系统所涉及的各种参数，以及反演常用的物理模型和经验模型。地表参数是影响微波遥感反演土壤水分的重要参数，主要包括地表粗糙度（均方根高度、表面相关长度）和土壤水分。本书提出的各种反演算法中的试验和验证所需的数据均来自中国科学院寒区旱区环境与工程研究所提供的“黑河综合遥感联合试验”（WATER）[70]，对WATER项目、所选研究区的概况、试验数据及SAR影像概况进行了介绍。

2.1　微波遥感原理

2.1.1　微波遥感

微波是指电磁波的波长在1mm~1m的电磁波，包括毫米波、厘米波和分米波，而微波遥感就是通过微波辐射计或散射计等传感器记录待探测地物所发射、散射或反射的微波信号[120]，然后对记录到的微波信号进行处理、判读，以达到识别地物的目的。

微波遥感的物理机理与其他遥感技术（可见光遥感、红外遥感）的物理机制不同。从传感器记录的信号来看，微波遥感中传感器记录的是地物的反射、发射和散射的微波信号（亮温和后向散射系数），而可见光遥感的传感器记录的是地物的可见光，近红外遥感与短波红外遥感的传感器记录的是近红外和短波红外波段的电磁波反射率，热红外遥感的传感器记录的是地物的热辐射。更不同的是，可见光遥感、红外遥感的传感器都是被动地接收地物反射、发射和散射的电磁波信号，受天气、时间和季节的影响非常严重；主动微波遥感是主动向地物发送微波信号，然后传感器接收地物向传感器方向反射和散射的微波信号，完全不受天气、时间和季节的影响。

2.1.2　雷达方程与后向散射系数

主动微波传感器（雷达）向地物发送微波信号时，由于微波具有一定的穿透性、地物内部的异质性及地物表面的粗糙程度，会发生微波信号的反射和散射。散射包括面散射和体散射两种，主动微波传感器都可以接收到。体散射的机理非常复杂，在实际应用中通常只计算面散射。面散射中主动微波传感器接收到的地物向传感器方向散射的分量称为后向散射系数。主动微波传感器、地物和后向散射系数之间的关系可用雷达方程来描述[121]：

$$P_r = \frac{P_t G_t(\gamma) G_r(\gamma) \lambda^2}{(4\pi)^3 R^4} \sigma^0 A \tag{2.1}$$

式中，P_r 和 P_t 分别为雷达接收和发射的功率；R 为雷达天线与目标散射中心的距离；G_r 和 G_t 分别为接收和发射天线的增益，接收和发射天线通常为同一天线，即 $G_r = G_t$；A 为微波照射地物的接收面积，在单基雷达系统中，$A = \delta_r \delta_a / \sin(\gamma)$，其中，$\delta_r$ 和 δ_a 分别为距离向和方位向分辨率；σ^0 为无量纲（归一化）的雷达后向散射截面积，即后向散射系数[121]，值介于 0 和 1 之间，σ^0 在应用中常常以分贝表示[122]：

$$\sigma^0(\mathrm{dB}) = 10\log_{10}(\sigma^0)(m^2 m^{-2}) \tag{2.2}$$

2.1.3　雷达系统参数

雷达系统参数包括频率（或波长）、极化方式、雷达入射角和雷达分辨率等[123]。

1. 频率

国际上一般把频率为 0.3～300GHz 的电磁波作为微波，使用 S、X、L 来命名微波的不同频段。表 2.1 为被批准作为 IEEE 标准的雷达频率的字母频段命名，以及国际电信联盟（International Telecommunication Union，ITU）分配的较为详细的微波频率[124]。

表 2.1　微波频率表

波段名	波长/cm	频率范围/GHz
P	30～100	0.3～1
L	25～30	1～2
S	7.5～15	2～4
C	3.75～7.5	4～8
X	2.50～3.75	8～12
Ku	1.67～2.50	12～18
K	1.11～1.67	18～27
Ka	0.75～1.11	27～40

2. 极化方式

微波遥感影像的极化方式包括 4 种[125]：VV、HH、VH、HV。H 代表水平极化，V 代表垂直极化。电磁波在传播过程中，当电场矢量的方向不随时间变化时，称为线极化。线极化分为水平极化和垂直极化两种方式。H 即水平极化，是指入射雷达波束与电场矢量面垂直；V 即垂直极化，是指入射面与电场矢量平行[126]。当雷达发射和接收的电磁波都是 V 极化方式时，雷达成像为垂直同极化 VV 图像；当雷达发射和接收的电磁波都是 H 极化方式时，雷达成像为水平同极化 HH 图像；当雷达发射的电磁波为 H 极化，接收的电磁波为 V 极化时，雷达成像为交叉极化的 HV 极化图像；当雷达发射的电磁波为 V 极化，接收的电磁波为 H 极化时，雷达成像为交叉极化的 VH 极化图像，如图 2.1 所示。

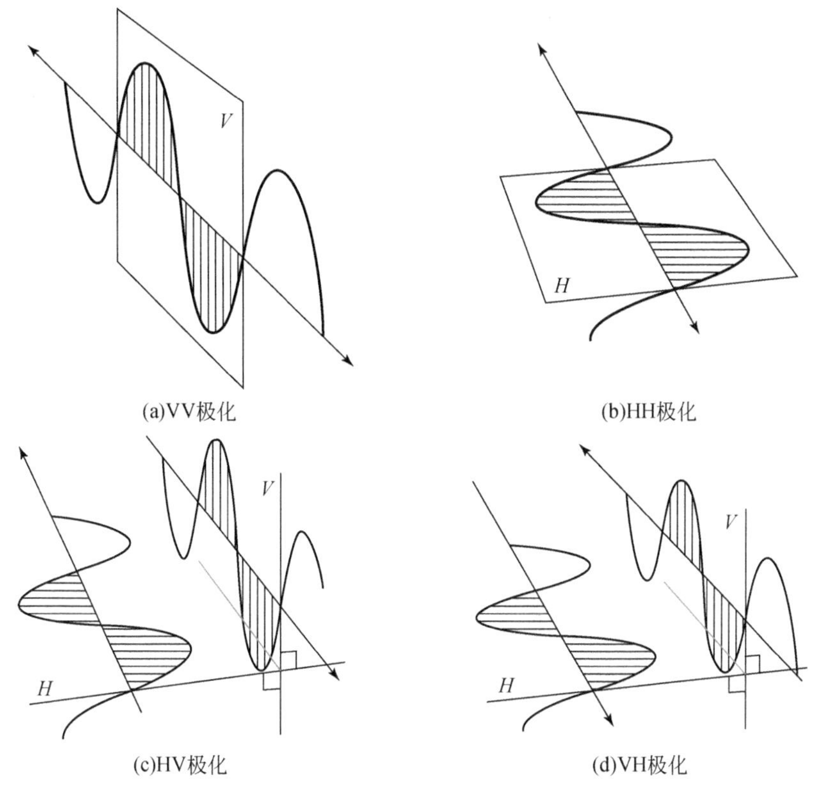

图 2.1　雷达系统极化方式

3. 雷达入射角

雷达入射角（θ）指雷达入射波束与当地大地水准面垂线间的夹角（图 2.2），是影响雷达后向散射的主要因素，雷达入射角的存在会造成雷达影像上的目标物因叠掩或透视收缩从而使影像发生位移变形。随机粗糙面散射的微波信号强度随着入射角的变大而减小[127]。

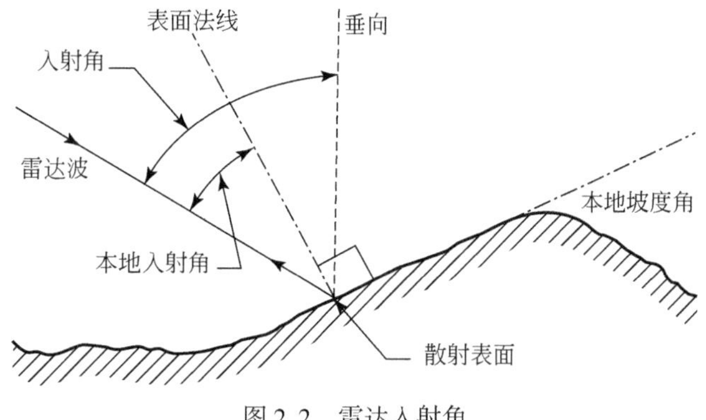

图 2.2　雷达入射角

4. 雷达分辨率

雷达分辨率指雷达影像上一个像元大小对应于水平地面的大小。雷达分辨率有两种不同的分辨率，分别是距离分辨率和方位分辨率[128]。距离分辨率是与雷达飞行方向平行的的分辨率，方位分辨率是与飞行方向垂直的分辨率。

雷达的距离分辨率 r_G：

$$r_G = \frac{c\tau}{2\cos\varphi} \tag{2.3}$$

式中，c 为光速；τ 为雷达信号从发射到接收到脉冲所需要的时间；φ 为雷达俯角[128]。雷达波瓣角 β 与雷达的天线孔径 D 成反比，与波长 λ 成正比：

$$\beta = \lambda / D \tag{2.4}$$

方位分辨率 r_a 表示：

$$r_a = (\lambda / D) R = \frac{h\beta}{\cos\varphi} \tag{2.5}$$

式中，R 为雷达与地物之间的距离；φ 为雷达视角[128]；h 为雷达飞行高度。

2.2 地 表 参 数

地表参数是表征地表粗糙程度、地表介电常数等特征的参数，主要包括地表粗糙度、土壤水分、土壤介电常数等。地表参数，尤其是地表粗糙度和土壤水分，是影响后向散射系数的重要参数[126]。

2.2.1 地表粗糙度

地表粗糙度通常用表面均方根高度 s 和表面相关长度 l 两个参数来表示[118]。s 是从垂直方向上对地表粗糙度进行描述，l 是从水平方向上对地表粗糙度进行描述[118]。

1. 均方根高度 s

假设 x-y 平面内有一表面，某一点（x，y）的高度为 $z(x, y)$。取表面上统计意义中有代表性的一块，尺寸分别为 L_x 和 L_y，假设该表面的中心位于原点，则表面的平均高度为[129]

$$\bar{z} = \frac{1}{L_x L_y} \int_{-L_x/2}^{L_x/2} \int_{-L_y/2}^{L_y/2} z(x, y) \mathrm{d}x \mathrm{d}y \tag{2.6}$$

其二阶矩为

$$\overline{z^2} = \frac{1}{L_x L_y} \int_{-L_x/2}^{L_x/2} \int_{-L_y/2}^{L_y/2} z^2(x, y) \mathrm{d}x \mathrm{d}y \tag{2.7}$$

表面高度的标准离差 s 为

$$s = (\overline{z^2} - \bar{z}^2)^{1/2} \tag{2.8}$$

计算 s 时，以适当间隔 Δx 对剖面离散化，再对离散的 $z_i(x_i)$ 值数字化后计算得到。例如，在相应水平间隔 Δx 内，高度差值 Δz 远小于入射波的波长，那么 Δz 对 Δx

段表面的反射影响可以不考虑，根据经验，Δx 应该选择 $\Delta x \leqslant 0.1\lambda$[129]。

针对一维离散的数据，s 可由式（2.9）求得

$$s = \left\{ \frac{1}{N-1} \left[\sum_{i=1}^{N} (z_i)^2 - N(\bar{z})^2 \right] \right\}^{1/2} \tag{2.9}$$

式中，

$$\bar{z} = \frac{1}{N} \sum_{i=1}^{N} z_i \tag{2.10}$$

其中，N 为取样数[127]。

2. 表面相关长度 l

一维表面剖视值 $z(x)$ 的归一化自相关函数由下式定义[128]：

$$\rho(x') = \frac{\int_{-L_x/2}^{L_x/2} z(x) z(x+x') \mathrm{d}x}{\int_{-L_x/2}^{L_x/2} z^2(x) \mathrm{d}x} \tag{2.11}$$

它表征了 x 点的高度 $z(x)$ 与偏离 x 的另一点 x' 的高度 $z(x+x')$ 之间的相似性[129]。相距 $x'=(j-1)\Delta x$ 的归一化自相关函数如下：

$$\rho(x') = \frac{\sum_{i=1}^{N+1-j} z_i z_{j+i-1}}{\sum_{i=1}^{N} z_i^2} \tag{2.12}$$

式中，j 为≥1 的整数。l 就是相关系数 $\rho(x') = 1/e$ 时的间隔 x' 值。

3. 表面自相关函数与粗糙度谱

当随机地表被假定为一个平稳随机过程时，随机地表可以用表面高程的概率分布函数或表面自相关函数来描述[130]，并且假定随机地表的高程服从高斯分布，表面自相关函数通常是高斯自相关函数或指数自相关函数[131]。通过很多实验得知，平滑地表的自相关函数接近指数自相关函数，粗糙地表的自相关函数接近高斯自相关函数[132]，还有许多自然地表的自相关函数介于高斯自相关函数和指数自相关函数之间[72]。

1）高斯自相关函数及其粗糙度谱

对于各向同性的一维随机地表单参数高斯自相关函数为[72]：

$$\rho(\xi) = s^2 \exp\left[-\left(\frac{\xi}{l} \right)^2 \right] \tag{2.13}$$

均方根坡度为

$$m = \sqrt{2} s / l \tag{2.14}$$

相应的高斯自相关函数的 n 阶粗糙度谱（即 n 阶高斯自相关函数的傅里叶变换）为[72]

$$W^n = \int_0^{+\infty} \rho^n(\xi) J_0(k\xi) \xi \mathrm{d}\xi = \frac{s^{2n} l^2}{2n} \exp\left[-\frac{(kl)^2}{2} \right] \tag{2.15}$$

式中，$\rho(\xi)$ 为表面自相关函数；n 为阶次；$J_0(k\xi)$ 为零阶贝塞尔函数；k 为波数；ξ 为一维表面两点之间的距离；l 为表面相关长度。

2）指数自相关函数及其粗糙度谱

对于各向同性的一维随机地表单参数指数自相关函数为[127]

$$\rho(\xi)=s^2\exp\left[-\left(\frac{\xi}{l}\right)\right] \tag{2.16}$$

均方根坡度定义为

$$m=s/l \tag{2.17}$$

相应的指数自相关函数的 n 阶粗糙度谱（即 n 阶指数自相关函数的傅里叶变换）为

$$W^{(n)}=\int_0^{+\infty}\rho^n(\xi)J_0(k\xi)\xi\mathrm{d}\xi=\frac{s^{2n}l^2}{n^2}\left[1+\left(\frac{kl}{n}\right)\right]^{-1.5} \tag{2.18}$$

式中，参数的意义与式（2.13）~式（2.15）中的相同。

2.2.2 土壤水分

土壤由土壤颗粒、土壤水分和空气组成。土壤水分是影响土壤介电常数值大小的决定性因素[128]。下面对土壤水分的表示方法进行介绍。

土壤水分通常是指相对含水率，相对于土壤一定质量或容积中的水量分数或百分数[128]。土壤水分的表示方法主要有以下几种：

1）质量含水量 θ_m

θ_m 是指土壤中所含水质量与烘干土质量的比值，多用百分比表示，即[129]

$$\theta_m=\frac{M_v}{M_s}\times100\% \tag{2.19}$$

式中，M_v 和 M_s 分别为土壤中水分和干土的质量（g）。

2）容积含水率 θ_v

θ_v 指单位容积土壤中水所占的容积，用 cm^3/cm^3 或百分数表示，即[72]

$$\theta_v=\frac{V_w}{V_t}\times100\% \tag{2.20}$$

式中，V_w 为水所占的容积（cm^3）；V_t 为土壤的总容积（cm^3）。

θ_m 与 θ_v 之间的换算如下：

$$\theta_v=\theta_m\times\rho \tag{2.21}$$

式中，ρ 为土壤容重（g/cm^3）。

3）相对含水量

相对含水量指土壤水分占田间持水量的百分数，即

$$\text{土壤相对含水量（\%）}=\frac{\text{土壤含水量}}{\text{田间持水量}}\times100\% \tag{2.22}$$

4）绝对水量

如方/亩①、方/公顷（m^3/hm^2）等，指一定面积一定深度土壤内含水的方（立方

① 1 亩≈666.67m^2。

米，在数值上等于公吨）数[72]。

2.3　地表散射模型

随机粗糙面的微波散射模型可以分为三类：理论模型、经验模型和半经验模型[53]。

理论模型是通过研究后向散射系数与地表物理参数和几何参数之间的数学关系，建立较为严谨的数学模型。经验模型一般是利用地表实测的地表参数，结合雷达系统参数和后向散射系数，建立后向散射系数与反演各参数的相关关系。经验模型依赖于地表实测数据，在大区域的反演中存在适应性问题。半经验模型是在理论模型的基础上，通过结合大量同步观测数据对经验模型进行改进，相对于经验模型有更好的普适性[20]。

典型的理论模型有基尔霍夫模型[133]（Kirchhoff Approximation，KA）［几何光学模型（Geometric Optical Model，GOM）和物理光学模型（Physical Optical Model，POM）］、小扰动模型（Small Perturbation Model，SPM）、积分方程模型（Integral Equation Model，IEM）和高级积分方程模型（AIEM ）等[75-84]。GOM 和 POM 都基于基尔霍夫模型的，基尔霍夫模型基于表面相关长度大于一个电磁波波长时的情况，SPM 基于表面相关长度小于一个电磁波波长时的情况。IEM 是基于电磁波辐射传输方程的地表土壤散射模型，可以在一个很宽的地表粗糙度范围内模拟地表的后向散射系数[72]。AIEM 是基于 IEM 的改进模型，对补偿场系数重新推导，可以更加准确地模拟较大地表粗糙度范围的裸露地表的散射[85]。理论模型结构清楚，普适性强，但是计算过程相对复杂。

经验模型的形式比理论模型简单，易于实现。目前常用的经验模型是通过研究多极化或多角度的后向散射系数与土壤水分、地表粗糙度之间的关系[34]，并结合实测数据来得到经验模型。常见的经验模型有 Oh（1992）模型和 Dubois 模型。经验模型强烈依赖地表实测数据，为增强适应性，通过使用模拟数据或大量实验数据来简化复杂的理论模型，实现对经验模型的改进[85-87]。Oh（1992）[87-89]模型是通过大量 L、C 和 X 波段的实验数据建立的经验模型。Dubois 模型是在 Oh 1992 模型的基础上结合 Berne 大学 RASAM 系统测量得到的地面散射计数据，统计分析同极化后向散射系数与雷达入射角、均方根高度和土壤介电常数之间的关系[92]，建立了一个可用来反演均方根高度和土壤水的经验模型。

常见的半经验模型有 Shi 模型、Oh（1994、2002）模型和 Chen 模型[89,93]。Shi 模型是在 IEM 的基础上，通过数值模拟来分析不同土壤粗糙度和土壤介电常数对土壤后向散射特性的影响，建立了 L 波段 SAR 数据不同极化方式组合的后向散射系数与土壤参数（土壤介电常数和土壤粗糙度功率谱）之间的一种对应关系[40]。Oh（1994、2002）模型是使用 SPM 模型和 KA 模型，对 Oh（1992）模型进行改进，并通过大量实验数据进行统计分析得到的半经验模型，可较为准确地模拟交叉极化的后向散射系数[35-39]。Chen 模型是假设地表粗糙度可以用指数相关方程来表示，对 IEM 模型进行多重线性回归得到的[72]。

另外，考虑到植被冠层对微波散射的影响，一些学者分别提出了基于经验的水云模型（water cloud model，WCM）[42]和基于物理的密歇根模型（Michigan microwave canopy scattering model，MIMICS）来刻画植被冠层的散射特性[43]。

2.3.1 小扰动模型 SPM

SPM 的一阶形式：

$$\sigma_{pq}^{0}=8k^{2}s^{2}\cos^{2}\theta\,|\alpha_{pq}|^{2}W(2k\sin\theta,\ 0) \tag{2.23}$$

式中，σ_{pq}^{0}为雷达散射系数；k 为波数，又为波长；s 为粗糙地表均方根高度（cm）；$W(2k\sin\theta,\ 0)$为表面相关函数的一阶密度普；α_{pq}为极化幅度，计算如下：

$$\sigma_{hh}=\frac{\varepsilon_{r}-1}{\left(\cos\theta+\sqrt{\varepsilon_{r}-\sin^{2}\theta}\right)^{2}} \tag{2.24}$$

$$\sigma_{hh}=\frac{(\varepsilon_{r}-1)\left[\varepsilon_{r}(1+\sin^{2}\theta)-\sin^{2}\theta\right]}{\left(\cos\theta+\sqrt{\varepsilon_{r}-\sin^{2}\theta}\right)^{2}} \tag{2.25}$$

SPM 适用于较小的粗糙度范围[23-28]。

2.3.2 积分方程模型 IEM

Fung 等[129]基于 Maxwell 方程提出了 IEM，该模型克服了 KA 模型和 SPM 适用范围窄的局限性，能够在一个较宽的地表粗糙度和介电属性范围内刻画真实地表的散射状况，已广泛应用于地表微波散射、辐射的建模和地表参数的反演中。在 IEM 中，随机粗糙面的后向散射系数可描述为三项之和，分别是基尔霍夫项 σ_{pp}^{k}，补充项 σ_{pp}^{c}和两者的交叉项 σ_{pp}^{kc}。

$$\sigma_{pp}^{0}=\sigma_{pp}^{k}+\sigma_{pp}^{c}+\sigma_{pp}^{kc} \tag{2.26}$$

在地表散射建模的实际过程中，可根据地表的实际状况进一步简化为

$$\sigma_{pp}^{0}=\frac{k^{2}}{4\pi}\exp(-2k^{2}s^{2}\cos\theta)\sum_{n=1}^{+\infty}|I_{pp}^{n}|^{2}\frac{w^{n}(2k\sin\theta,\ 0)}{n!} \tag{2.27}$$

式中，

$$I_{pp}^{n}=(2k\cos\theta)^{n}f_{pp}e^{-s^{2}(k\sin\theta)^{2}}+(k\sin\theta)^{n}F_{pp} \tag{2.28}$$

$$F_{hh}=-\left[\left(\frac{\sin^{2}\theta}{\cos\theta}-sq\right)T_{h}^{2}-2\sin^{2}\theta\left(\frac{1}{\cos\theta}+\frac{1}{sq}\right)T_{h}T_{hm}+\left(\frac{\sin^{2}\theta}{\cos\theta}+\frac{1+\sin^{2}\theta}{sq}\right)T_{hm}^{2}\right] \tag{2.29}$$

$$F_{vv}=\left(\frac{\sin^{2}\theta}{\cos\theta}-\frac{sq}{\varepsilon}\right)T_{v}^{2}-2\sin^{2}\theta\left(\frac{1}{\cos\theta}+\frac{1}{sq}\right)T_{v}T_{vm}+\left[\frac{\sin^{2}\theta}{\cos\theta}+\frac{\varepsilon(1+\sin^{2}\theta)}{sq}\right]T_{vm}^{2} \tag{2.30}$$

$$f_{hh}=\frac{-2R_{hh}}{\cos\theta} \tag{2.31}$$

$$f_{vv}=\frac{2R_{vv}}{\cos\theta} \tag{2.32}$$

$$T_{p}=1+R_{p} \tag{2.33}$$

$$T_{pm}=1-R_p \tag{2.34}$$

$$sq=\sqrt{\varepsilon-\sin^2\theta} \tag{2.35}$$

为了考虑多次散射过程，Fung 等对模型进行了更新：

$$\sigma_{pp}^0=\frac{k^2}{4\pi}\exp\left[(-2k^2s^2\cos\theta)\ |I_1|^2W(2k\sin\theta,\ 0)+\sum_{n=2}^{\infty}|I_{n-1}|^2\frac{w^n(2k\sin\theta,\ 0)}{n!}\right] \tag{2.36}$$

$$k_z=k\cos\theta \tag{2.37}$$

$$I_1=2k_zsf_{pp}+\frac{s}{4}\ (F_{pp1}+F_{pp2}) \tag{2.38}$$

$$I_{n-1}=(2k_zs)^nf_{pp}+\frac{s}{4}F_{pp1}(2k_zs)^{n-1} \tag{2.39}$$

$$F_{vv1}=\frac{4k}{sq}\left\{(1-R_{vv})^2\varepsilon^2\cos\theta+(1-R_{vv}^2)\sin^2\theta(sq-\cos\theta)-(1+R_{vv}^2)\left[\cos\theta+\frac{\sin^2\theta}{2\varepsilon}(sq-\cos\theta)\right]\right\} \tag{2.40}$$

$$F_{hh1}=\frac{-4k}{sq}\left\{(1-R_{hh})^2\cos\theta+(1-R_{vv}^2)\sin^2\theta(sq-\cos\theta)-(1+R_{hh}^2)\left[\varepsilon\cos\theta+\frac{\sin^2\theta}{2}(sq-\cos\theta)\right]\right\} \tag{2.41}$$

$$F_{vv2}=4k\ \sin^2\theta\left\{(1-R_{vv}^2)\ \left(1+\frac{\varepsilon\cos\theta}{sq}\right)-\ (1-R_{vv}^2)\ \left(3+\frac{\cos\theta}{sq}\right)+(1-R_{vv})^2\left(1+\frac{1}{2\varepsilon}+\frac{\varepsilon\cos\theta}{2sq}\right)\right] \tag{2.42}$$

$$F_{hh2}=-4k\ \sin^2\theta\left[(1-R_{hh}{}^2)\ \left(1+\frac{\cos\theta}{sq}\right)-\ (1-R_{vv}^2)\ \left(3+\frac{\cos\theta}{sq}\right)+(1+R_{vv})^2\left(1+\frac{1}{2\varepsilon}+\frac{\varepsilon\cos\theta}{2sq}\right)\right] \tag{2.43}$$

2.3.3　高级积分方程模型 AIEM

IEM 模型在双基散射方面的模拟值与观测值存在不容忽视的误差。一方面是由于模型对散射场的描述不够全面，如对交叉极化反射系数和补充场系数的近似处理；另一方面，模型用实际入射角或镜面反射来近似不同粗糙度条件的 Fresnel 反射系数对局部入射角的依赖性。为此，Chen 等[29-33]提出了 AIEM。大量试验证明，AIEM 对实际地表散射过程的模拟更为准确、合理。模型的改进主要有两个方面：一是在格林函数的密度普表征中保留了相位中绝对项，采用 Generalized power-law 谱密度函数及其对应的表面相关函数，使得基尔霍夫场和补充场系数更加完善；二是通过引入转换模型来解决 Fresnel 反射系数在不同粗糙度情况下的不连续性问题，转换模型表达如下：

$$\sigma_{hh}^0=g\sqrt{p}\cos^3\theta[R_v(\theta)+R_h(\theta)]\ \ R_p(T)=R_p(\theta)+[R_p(0)-R_p(\theta)]\left(1-\frac{S_t}{S_0}\right) \tag{2.44}$$

$$S_0=\lim_{ks\to0}\frac{\sigma_{pp}^c}{\sigma_{pp}^0}=\left|1+\frac{8R_p\ (0)}{F_t\cos\theta}\right|^{-2} \tag{2.45}$$

$$S_p = \frac{|F_t|^2 \sum_{n=1}^{\infty} \frac{(ks \cdot \cos\theta)^{2n}}{n!} \cdot W^n(2k\sin\theta)}{\sum_{n=1}^{\infty} \frac{(ks \cdot \cos\theta)^{2n}}{n!} \cdot \left| F_t + \frac{2^{n+2} \cdot R_p(0)}{\exp(ks\cos\theta)^2 \cos\theta} \right| W^n(2k\sin\theta)} \quad (2.46)$$

$$F_t = 8R_p^2(0)\sin\theta\left(\frac{\cos\theta + sq}{\cos\theta - sq}\right) \quad (2.47)$$

2.3.4 Oh 模型

Oh[35-38]等通过大量 L、C 和 X 波段的实验数据建立了 Oh（1992）经验模型，该模型适用于较宽粗糙度，可得到同极化和交叉极化后向散射系数之比：

$$p = \frac{\sigma_{hh}^0}{\sigma_{vv}^0} = \left[1 - \left(\frac{2\theta}{\pi}\right)^{1/3R_p(0)} \cdot \exp(-ks)\right]^2 \quad (2.48)$$

$$q = \frac{\sigma_{hv}^0}{\sigma_{vv}^0} = 0.23\sqrt{R_p(0)}\,[1 - \exp(-ks)] \quad (2.49)$$

$$\sigma_{hh}^0 = g\sqrt{p}\cos^3\theta[R_v(\theta) + R_h(\theta)] \quad (2.50)$$

$$\sigma_{vv}^0 = g\cos^3\theta[R_v(\theta) + R_h(\theta)]/\sqrt{p} \quad (2.51)$$

$$\sigma_{hv}^0 = q\sigma_{vv}^0$$

$$g = 0.7\{1 - \exp[-0.65\,(ks)^{1.8}]\} \quad (2.52)$$

通过重新修订垂直极化的后向散射系数和极化比的计算方法，得到了改进的 Oh（1994）模型：

$$p = \left[1 - \left(\frac{2\theta}{\pi}\right)^{0.314/R_p(0)} \cdot \exp(-ks)\right]^2 \quad (2.53)$$

$$q = 0.25\sqrt{R_p(0)}\,[0.1 + \sin^{0.9}\theta] - \exp\{-[1.4 - 1.6R_p(0)]ks\} \quad (2.54)$$

$$\sigma_{vv}^0 = \frac{13.5}{\sqrt{p}}\exp[-1.4\,(ks)^{0.2}]R_h(\theta)(ks)^2\cos^{3.25-0.05kl}\theta w_k \exp[-(2ks\cos\theta)^{0.6}] \quad (2.55)$$

$$w_k = \frac{(kl)^2}{1 + (2.6kl\sin\theta)^2}\left\{1 - 0.71\frac{1 - 3\,(2.6kl\sin\theta)^2}{[1 + (2.6kl\sin\theta)^2]^2}\right\} \quad (2.56)$$

基于 Oh（1994）模型，采用更多的实验观测数据，Oh 等提出了一个基于穆勒矩阵系综平均的 Oh（2002）模型，该模型直接拟合后向散射系数与土壤水分和粗糙度之间的关系[134]。具体表达式如下：

$$\sigma_{vh}^0 = 0.11sm^{0.7}\cos^{2.2}\theta\{1 - \exp[-0.32\,(ks)^{1.8}]\} \quad (2.57)$$

$$p = \frac{\sigma_{hh}^0}{\sigma_{vv}^0} = 1 - \left(\frac{\theta}{90°}\right)^{0.35M_v^{-0.65}} \cdot \exp[0.4\,(ks)^{1.4}] \quad (2.58)$$

$$q = \frac{\sigma_{hv}^0}{\sigma_{vv}^0} = 0.1\left[\frac{s}{l} + \sin(1.3\theta)\right]^{1.2} \cdot \{1 - \exp[-0.9\,(-ks)^{0.8}]\} \quad (2.59)$$

$$\sigma_{vv}^0 = \frac{0.11sm^{0.7}\cos^{2.2}\theta\{1 - \exp[-0.32\,(ks)^{1.8}]\}}{q} \quad (2.60)$$

$$\sigma_{hh}^{0}=\sigma_{vv}^{0}p \tag{2.61}$$

$$q=0.095\left[0.13+\sin(1.5\theta)\right]^{1.4}\{1-\exp[-1.3\,(ks)^{0.9}]\} \tag{2.62}$$

2.3.5 Dubois 模型

Dubois 于 1995 年利用微波散射计获取的数据和野外实测的参数建立了 Dubois 模型，如下[133]：

$$\sigma_{vv}^{0}=10^{0.46\varepsilon\tan\theta}-2.35\frac{\cos^{3}\theta}{\sin^{3}\theta}(ks\cdot\sin^{3}\theta)^{1.1}\lambda^{0.7} \tag{2.63}$$

$$\sigma_{hh}^{0}=10^{0.028\varepsilon\tan\theta}-2.75\frac{\cos^{1.5}\theta}{\sin^{5}\theta}(ks\cdot\sin^{3}\theta)^{1.4}\lambda^{0.7} \tag{2.64}$$

2.4 不确定性分析

不确定性（uncertainty）被定义为“表达一个特定的数据特性的不可信性或不可知性的有用概念”，不确定性有时被看作误差的同义词，或比误差更一般的一个度量[22]。但误差必须有一个真实值存在，而在遥感中，像元尺度上的真实值很难得到，因此在遥感信息的评价中很难直接去评价其误差，而通常评价其不确定性[22]。

在主动微波遥感土壤水分反演过程中，数据的获取、处理、分析、数据转换等各种操作中，都会引入不同类型和不同程度的不确定性，并在随后的各种处理过程中传播，最终总的不确定性则是各种不确定性不断积累的结果。

2.4.1 主动微波土壤水分不确定性

目前，不确定性问题是定量遥感参数反演研究中的热点问题，以理解不确定性、估计不确定性和降低不确定性为目标。不确定性研究成为支撑定量遥感参数反演进一步发展的基础性研究。自 20 世纪 90 年代起，土壤水分反演不确定性问题的研究得到飞速发展，至今仍是研究前沿和热点问题。统计 Web of Knowledge 数据库中的 SCI（science citation index expanded）收录的文献，搜索方式为文献主题包含“土壤水分 不确定性（检索词为 soil moisture uncertainty）”。截至 2018 年 12 月 20 日，SCI 收录的相关文献总数为 2811 篇，文献数量呈逐年递增趋势。

不确定性研究的意义在于，一是评估土壤水分反演结果的不确定性；二是诊断不确定性的来源，促进对土壤水分反演过程的认识；三是为改进土壤水分反演算法提供基础，从而达到降低各种不确定性的目的。

2.4.2 主动微波土壤水分不确定性来源

人们不能确知是或不是、对或错的一切事物都是不确定的。“不确定性”是指我们对事物“不能完全确信”的状态。不确定性一般包括固有不确定性和认知不确定性，前者源于事物固有的随机性，后者源于人们所掌握知识和信息的局限性。就土壤水分反演而言，固有不确定性是指在统计特征已知的情况下模型输入或模型参数的内在随机性；认知不确定性则是指对模型输入或模型参数的统计特征的不确定，以及模型结构不能反映土壤水分反演机理导致的不确定性。认知不确定性比固有不确定性更复杂，是不确定性研究的主要对象。不确定性的直接来院主要分为参数不确定性，输入不确定性和结构不确定性，不同来源的不确定性既相互区别，又相互影响[135]。

主动微波土壤水分反演的误差来源不仅包括微波散射传输模型的不确定性，即正演物理模型结构的不完美和模型参数的取值误差，也包括观测数据的误差，以及反演方法的不确定性。本书将着重分析的是模型参数的不确定性，重点是地表粗糙度参数（包括均方根高度、表面相关长度和组合粗糙度）带来的不确定性。

2.5 研究区及试验数据

本书土壤水分反演和不确定性分析试验方面采用了大量高分辨率 SAR 影像和地面观测数据，数据主要来源于黑河综合遥感联合试验（WATER）。高分辨率 SAR 影像主要是分辨率为 12.5m 的 ENVISAT ASAR 影像。

我国由中国科学院寒区旱区环境与工程研究所联合多家科研单位于 2007 ~ 2009 年在甘肃黑河流域进行了“黑河综合遥感联合试验”[70]，在黑河中游地区开展航空遥感、卫星遥感与地表参数的地面同步观测试验，获取了大量高分辨率 SAR 影像和包括土壤水分、地表粗糙度在内的地表同步实测数据[70]。

2.5.1 WATER 试验的研究区

研究区位于典型的内陆河流域——黑河流域的中游和上游地区，黑河流域面积约为 12.87 万 km^2，是我国第二大内陆河流域，位于 96°42′ ~ 102°00′E，37°41′ ~ 42°42′N，包括高山冰雪带、森林草原带、平原绿洲带及戈壁荒漠带等不同的景观类型。黑河中游研究区位于黑河中游甘肃省张掖市人工绿洲中部（38.87°N，100.40°E），观测点选择临泽草地。张掖人工绿洲区年降雨量为 117mm，潜在蒸发量每年可达到 1200-1800mm。人工绿洲区农作物主要水源来自人工灌溉，主要作物为玉米、小麦和蔬菜。除此之外，还包括防风林、道路、灌渠及居民点等多种地表覆盖类型[70]。另外，选定黑河上游的峨堡、阿柔乡和扁都口 3 个观测点。图 2.3 为黑河研究区示意图。

2.5.2 WATER 获取的 SAR 数据

本书从 WATER 选用的高分辨率 SAR 影像是从 ESA 的 ENVISAT-1 卫星上 ASAR 传感器获取的 SAR 影像，共 7 幅。ASAR 影像的入射波段为 C 波段（f=5.331GHz），入射角有 7 个模式，覆盖的入射角范围为 15° ~45°，5 种工作模式（image、alternating po-

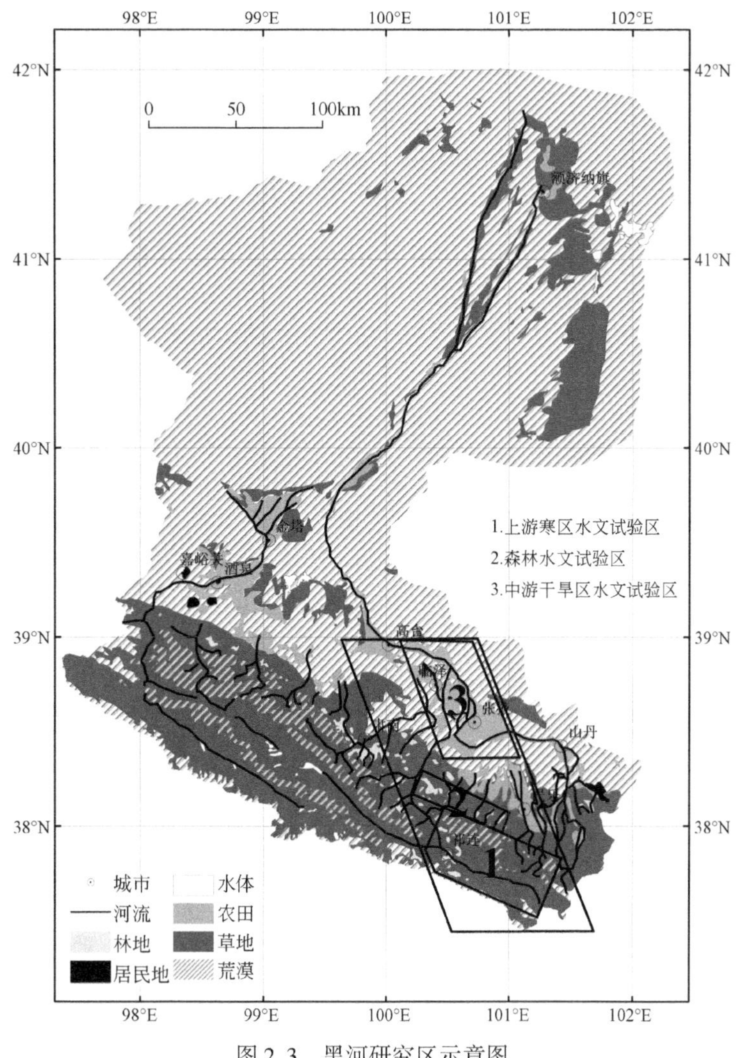

图 2.3　黑河研究区示意图

larization、wide swath、global monitoring 和 wave)[72]。根据雷达入射角、土地覆盖类型和月份，选择 7 景 ENVISAT ASAR 影像，影像获取的时间为 2007 年的 10 月和 2008 年的 3 月、5 月、6 月、7 月。WATER 项目提供的 ENVISAT ASAR 数据都属于 L1B 级，在进行土壤水分反演前需要进行预处理，包括辐射校正、距离多普勒地形校正和滤波，使用 ESA 提供的 NEST (Next ESA SAR Toolbox)[135]工具进行预处理。

2.5.3　WATER 同步观测数据

本书从 WATER 项目提供的地表实测数据中，选择与 ASAR 影像同步观测的土壤水分、均方根高度和相关长度数据，筛选出不同样区、不同月份和不同地表覆盖类型的一共 18 个样区、629 组观测值。样区分别位于黑河中游的临泽样地、黑河上游的阿柔乡、峨堡和扁都口样地。样区有多种地表类型，包括草地、带稀疏植被盐碱地、苜蓿地、大麦地、芦苇地、油菜地、玉米地和裸土[128]。

表 2.2 为本书选择的 18 个样区数据集介绍。

表 2.2　样区介绍

采样区	采样点数目	日期
峨堡 1	25	2007 年 10 月 18 日
扁都口 1	25	2007 年 10 月 17 日
阿柔预实验 2	25	2007 年 10 月 17 日
阿柔预实验 1	25	2007 年 10 月 18 日
阿柔预实验 2	25	2007 年 10 月 18 日
阿柔 1	41	2008 年 3 月 12 日
阿柔 1	25	2008 年 6 月 19 日
阿柔 2	25	2008 年 6 月 19 日
阿柔 3	25	2008 年 6 月 19 日
阿柔预实验 1	25	2008 年 7 月 5 日
临泽 A	44	2008 年 7 月 11 日
临泽 B	41	2008 年 7 月 11 日
临泽 C	48	2008 年 7 月 11 日
临泽 D	49	2008 年 7 月 11 日
临泽 E	49	2008 年 7 月 11 日
临泽 B	48	2008 年 5 月 24 日
临泽 D	49	2008 年 5 月 24 日
临泽 E	35	2008 年 5 月 24 日

图 2.4 为各样区的分布图。

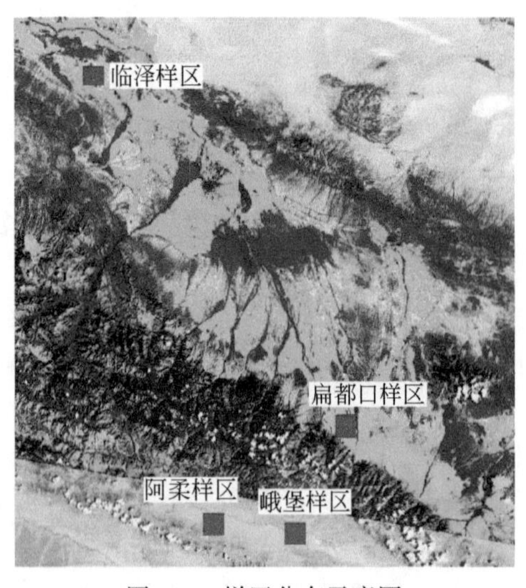

图 2.4　样区分布示意图

2.5.4 其他数据

本书还选用了 Landsat-5 卫星的黑河中游 TM 影像，影像获取时间为 2008 年 7 月 7 日，空间分辨率为 30m×30m；寒区旱区科学数据中心提供的“黑河流域 HWSD 土壤质地数据集”和“黑河流域 ASTER GDEM 数据集”。

2.6 本章小结

本章围绕本书的主要研究内容介绍了与微波遥感和地表参数相关的理论基础，主要包括微波遥感的基本原理、地表粗糙度、土壤水分、常用微波散射模型，以及研究区和所需数据的基本情况。首先介绍了微波遥感的基本原理、雷达方程与雷达后向散射系数，这是进行土壤水分反演的理论基础；其次介绍了影响雷达后向散射系数的主要雷达系统参数和地表参数，这是分析后向散射系数与各参数之间关系，进而建立反演模型的基础；再次介绍了主动微波遥感土壤水分反演中常用的几种模型；最后对本书后面章节进行土壤水分反演所在的研究区和实验数据进行了介绍。

第3章　裸露地表微波散射特征研究

第2章已提到影响雷达后向散射系数的主要因素是雷达系统参数和地表参数。由于自然地表非常复杂，可假定为随机粗糙面，微波与自然地表之间的相互作用使得微波散射异常复杂多变，在实际应用中，难以构建适用于任何情况的表征后向散射系数与雷达系统参数和地表参数之间关系的完美数学模型。

目前研究人员在探索分析裸露地表微波散射特征方面已经做了很多工作，如任鑫[136]使用AIEM模拟裸露地表的后向散射系数，分析了在L、C、X频率下，在不同地表参数、雷达系统参数范围内，后向散射系数对地表参数和雷达系统参数的响应规律。李森[72]对比了Oh模型、Dubios模型和IEM在不同地表参数、雷达系统参数条件下对后向散射系数的影响，然后利用IEM模拟不同的地表参数范围、雷达系统参数范围和不同极化方式下的雷达后向散射系数，以分析地表参数（均方根高度、相关长度、介电常数）、雷达系统参数（入射角、频率）等对雷达后向散射系数的影响。前人已在这方面做了大量研究，得到了后向散射系数与地表参数、雷达系统参数之间的响应规律，为土壤水分反演模型的建立提供了依据。

本书的研究重点是去除地表粗糙度对反演过程的影响，在前人研究的基础上，重点研究在不同波段下，地表参数和雷达入射角取不同值时，均方根高度、相关长度对不同极化组合方式的后向散射系数的影响，并重点观察、分析后向散射系数与均方根高度、相关长度三者之间的响应在P、L、S、C、X五个不同频率下是否有所不同。

选择目前应用最为广泛的AIEM和Oh模型，AIEM用来模拟同极化后向散射系数，Oh模型可以模拟交叉极化后向散射系数。在一定范围内，当粗糙度、土壤水分、雷达入射角、频率、地表土壤温度等各参数取不同值时，观察不同极化组合方式下的不同波段雷达后问散射系数的响应曲线，以分析地表参数（均方根高度s、相关长度l）等对雷达后向散射系数的影响[110,124]，为本书后续工作提供基础。

3.1　设置理论模型输入参数的取值范围

AIEM的输入参数包括土壤水分M_v、均方根高度s、相关长度l、雷达入射角θ、频率f、表面自相关函数，对这些参数的取值范围做设定[136]。

3.1.1　粗糙度参数取值范围设定

通过统计大量样地的s和l数据，确定裸土地表、草地和农田这几种地表类型的s和l的取值范围。有关地表粗糙度的野外测量数据有很多，如美国南部大平原地区进行的SGP97，SGP99和土壤水分实验SMEX系列观测实验等，而NASA和USDA的合作实验“Washita′92”的数据选取了有代表性的地点进行了激光廓线测量，测量地点包括裸土地表、牧场和农田，表 3.1 为“Washita′92”实验中不同地表类型的相关长度观测值统计情况。中国科学院“黑河综合遥感联合试验”（WATER）项目提供的地表粗糙度实测数据是通过针式剖面仪进行测量得到的，统计了峨堡、扁都口、临泽、阿柔地区 1222 组地表粗糙度实测数据，相关长度实测值的分布情况见表 3.2。“黑河综合遥感联合试验”的实验数据的时间跨度（2007.8 ~ 2009.9）和空间范围（黑河流域）都较大，涉及的地表类型较为丰富，包括裸土、草地、农用地等；尤其是 ASAR 影像和地面同步实验数据较为完整，相对于其他地面实验数据，“黑河综合遥感联合试验”数据已在寒区旱区科学数据中心网络平台上共享，获取方便。

表 3.1　“Washita′92”不同条件下相关长度的观测值

采样区	地表类型	l/cm
PR001	裸土	8.75
AG005	裸土	16.25
AG002	裸土	17.75
AG001	玉米	11.25
AG005	小麦	17.25
AG005	苜蓿	13.25
MS001	牧场	7.75

表 3.2　WATER 中地表粗糙度的实测值

地表参数	数值分布区间/cm	数据数目/个	所占比例/%	累计比例/%
s	[0.2，1.0)	466	38.13	38.13
	[1.0，2.0)	550	45.01	83.14
	[2.0，3.0)	167	13.67	96.81
	[3.0，4.0)	31	2.54	99.35
	[4.0，5.0)	8	0.65	100
l	[40，50)	14	1.15	1.15
	[50，60)	97	7.94	9.09
	[60，70)	1107	90.59	99.68
	[70，80)	4	0.32	100

由表 3.1 和表 3.2 中的粗糙度实测数据可知，发现 $s \in$（0.1cm，3.0cm）时，在所有实测数据中所占比例达到 96.81%。而在“Washita ′92”实验中使用激光廓线方法测量的 l 取值范围为（7cm，18cm），“黑河综合遥感联合试验”中使用针式剖面仪测量的 l 取值范围为（40cm，70cm），因此可取 $l \in$（5cm，70cm）。

根据文献[72][136]，前人研究后向散射系数特性时对模型输入参数取值范围的设定见表 3.3，以任鑫和李森所做的实验为例。

表 3.3　前人研究中模型输入参数取值范围

研究人员	参数	取值范围	步长
任鑫	f/GHz	1.25（L），5.33（C），9.25（X）	
	极化方式	VV、HH、VH、HV	
	θ/（°）	（10，50）	1
	s/cm	（0.3，1.0）	0.1
	l/cm	（3，10）	2
	M_v/%	（2，50）	2
	表面自相关函数	指数函数	
李森	f/GHz	1.25（L），3.0（S）、5.33（C），9.25（X）	
	极化方式	HH、VV	
	θ/（°）	（0，70）	2
	s/cm	（0.1，5）	0.2
	l/cm	（2，50）	2
	介电常数（ε）	（2，60）	2
	表面自相关函数	指数函数	

3.1.2　设置其他参数取值范围

由表 3.3 可以看出，任鑫研究了粗糙度较小时全极化后向散射系数与地表参数和雷达系统参数之间的关系，李森研究了同极化的后向散射系数。根据以上研究，为了后续研究去除地表粗糙度不确定性对土壤水分反演的影响，需要在更大粗糙度范围分析不同波段下不同极化组合方式的后向散射系数与地表粗糙度之间的关系。

本书根据统计的粗糙度实测数据，取 $s \in (0.1\text{cm}, 3.0\text{cm})$，$l \in (5\text{cm}, 70\text{cm})$。$M_v$ 的取值范围可以通过统计研究区各采样点的土壤水分实测值来设定，M_v 范围给定为 (5%，60%)。根据“黑河流域 HWSD 土壤质地数据集”中砂土和黏土比例的平均值来确定土壤质地，其中砂土比例 sv = 24%，黏土比例 cv = 32%。土壤温度设为 24℃。雷达系统参数的取值范围见表 3.4。

表 3.4　AIEM 模型输入参数取值范围

参数	取值范围	步长
f/GHz	0.44（P），1.25（L），3.0（S），5.33（C），9.25（X）	
极化方式	VV、HH、HV、VH	
θ/（°）	（5，55）	1
s/cm	（0.1，3.0）	0.1
l/cm	（5，70）	1
M_v/%	（5，60）	5
表面自相关函数	指数函数	

本章研究中所涉及的极化后向散射系数的组合方式见表3.5。需要说明的是，表中的极化后向散射系数组合方式只有一部分与粗糙度参数呈现良好的线性或非线性关系，通过实验选择实验结果中有统计意义的响应曲线进行分析。

表3.5　极化后向散射系数的组合方式

序号	组合方式	序号	组合方式
1	σ_{vv}^0	9	$\sigma_{hh}^0-\sigma_{vh}^0$
2	σ_{hh}^0	10	$\sigma_{vv}^0/\sigma_{hh}^0$
3	σ_{vh}^0	11	$\sigma_{vv}^0/\sigma_{vh}^0$
4	σ_{hv}^0	12	$\sigma_{vv}^0/\sigma_{hv}^0$
5	$\sigma_{vv}^0-\sigma_{hh}^0$	13	$\sigma_{hh}^0/\sigma_{hv}^0$
6	$\sigma_{vv}^0-\sigma_{vh}^0$	14	$\sigma_{hh}^0/\sigma_{vh}^0$
7	$\sigma_{vv}^0-\sigma_{hv}^0$	15	$\Delta\sigma_{vv}^0$
8	$\sigma_{hh}^0-\sigma_{hv}^0$		

3.2　后向散射系数对地表粗糙度的响应

观察和分析不同组合方式的极化后向散射系数在不同粗糙度（s，l）、不同土壤水分、不同入射角时的响应曲线，其中重点分析当相关长度取不同值时，极化后向散射系数对 s 的响应特点[71]，以及当 s 取不同值时，极化后向散射系数对 l 的响应特点，并观察在P、L、S、C和X不同波段下，响应规律如何改变。

3.2.1　后向散射系数对均方根高度的响应

在不同 M_v、不同 l、不同 θ、不同 f 下，分析不同组合方式的极化后向散射系数对 s 的响应曲线。

1. 不同相关长度

根据表3.4，给出5个频率，给定 $\theta=30°$，$M_v=30\%$；l 分别取5cm、15cm、25cm、35cm、45cm、55cm和65cm共7个不同值。选择表3.5中不同组合方式的极化后向散射系数分析其对 s 的响应，图3.1是不同频率时，不同相关长度下 σ_{vv}^0 对 s 的响应曲线。

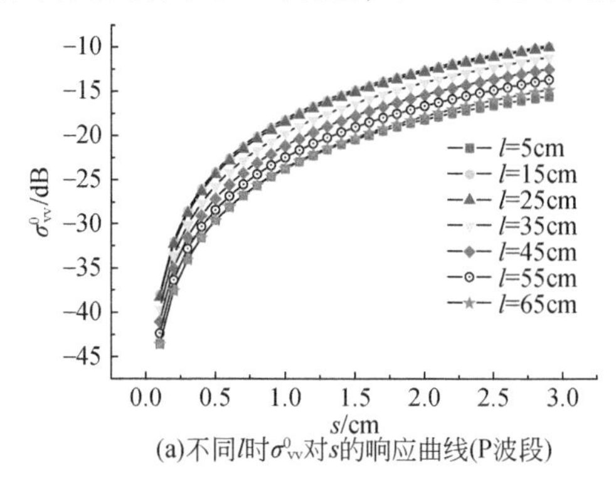

(a)不同l时σ_{vv}^0对s的响应曲线(P波段)

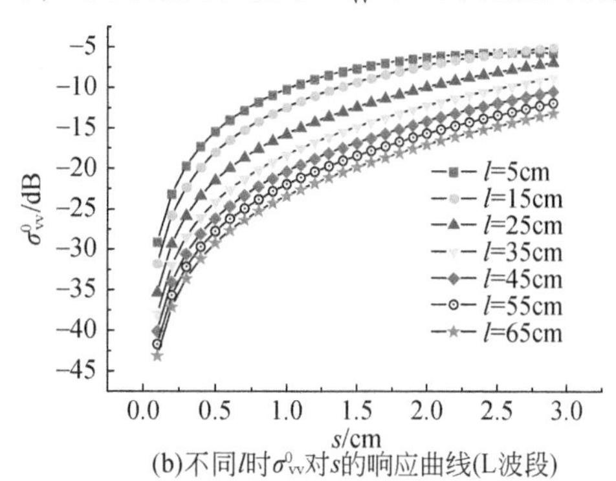

(b)不同l时σ_{vv}^0对s的响应曲线(L波段)

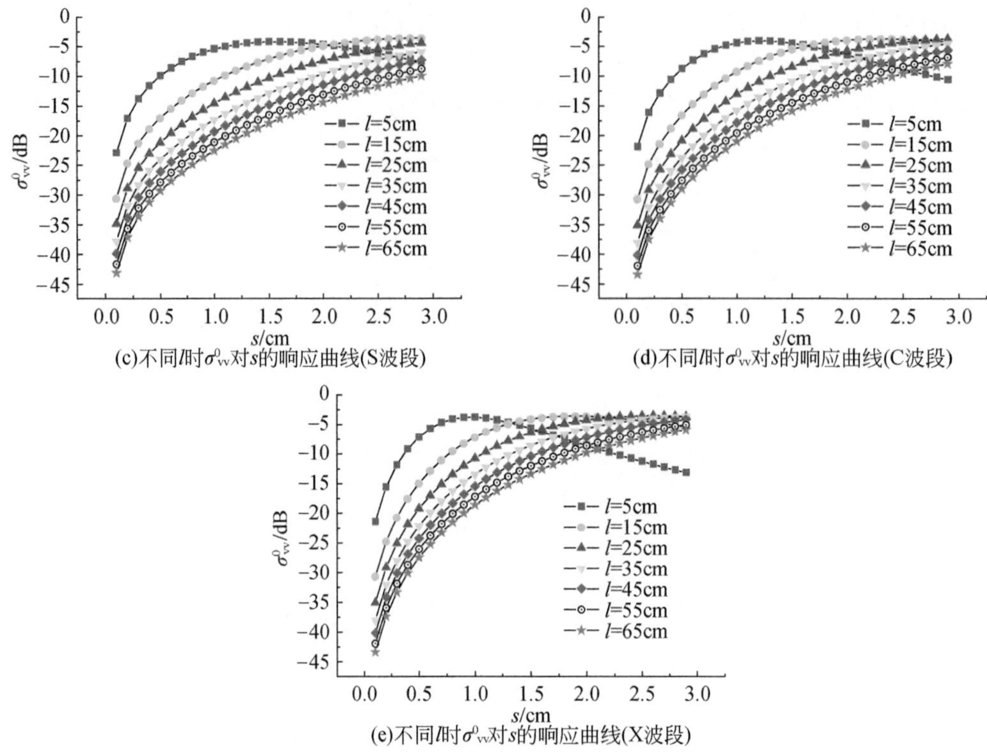

(c)不同l时σ^0_{vv}对s的响应曲线(S波段)

(d)不同l时σ^0_{vv}对s的响应曲线(C波段)

(e)不同l时σ^0_{vv}对s的响应曲线(X波段)

图3.1　不同相关长度时，σ^0_{vv}在不同频率下对均方根高度的响应

通过对图3.1中各种响应曲线进行分析，可以看出各波段极化后向散射系数的变化规律：

（1）试验发现不同l时，σ^0_{vv}与σ^0_{hh}、σ^0_{vh}、σ^0_{hv}之间对s的响应曲线非常相似，这在5个不同频率下都呈现相同的特征。

（2）不同l时，VV、HH、VH、HV极化方式下，极化后向散射系数随s的增大而增大，但频率增大后，从S波段开始，如图3.1（c）、图3.1（d）、图3.1（e），l较小时（≤5cm），极化后向散射系数先增大后减小。

（3）在P和L波段下，s相同时，l越大，极化后向散射系数越小，而在S、C、X波段下，当l大于15cm时，满足该变化规律。

图3.2给出了不同频率时不同l下$\sigma^0_{vv}-\sigma^0_{hh}$对$s$的响应曲线。

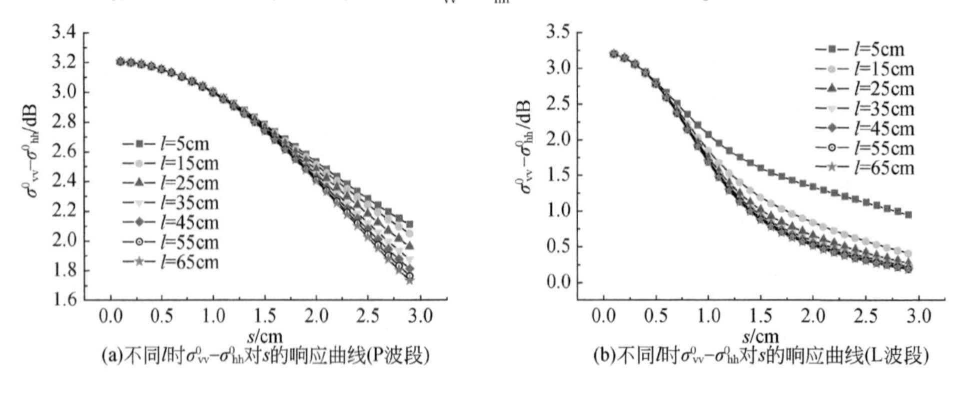

(a)不同l时$\sigma^0_{vv}-\sigma^0_{hh}$对$s$的响应曲线(P波段)

(b)不同l时$\sigma^0_{vv}-\sigma^0_{hh}$对$s$的响应曲线(L波段)

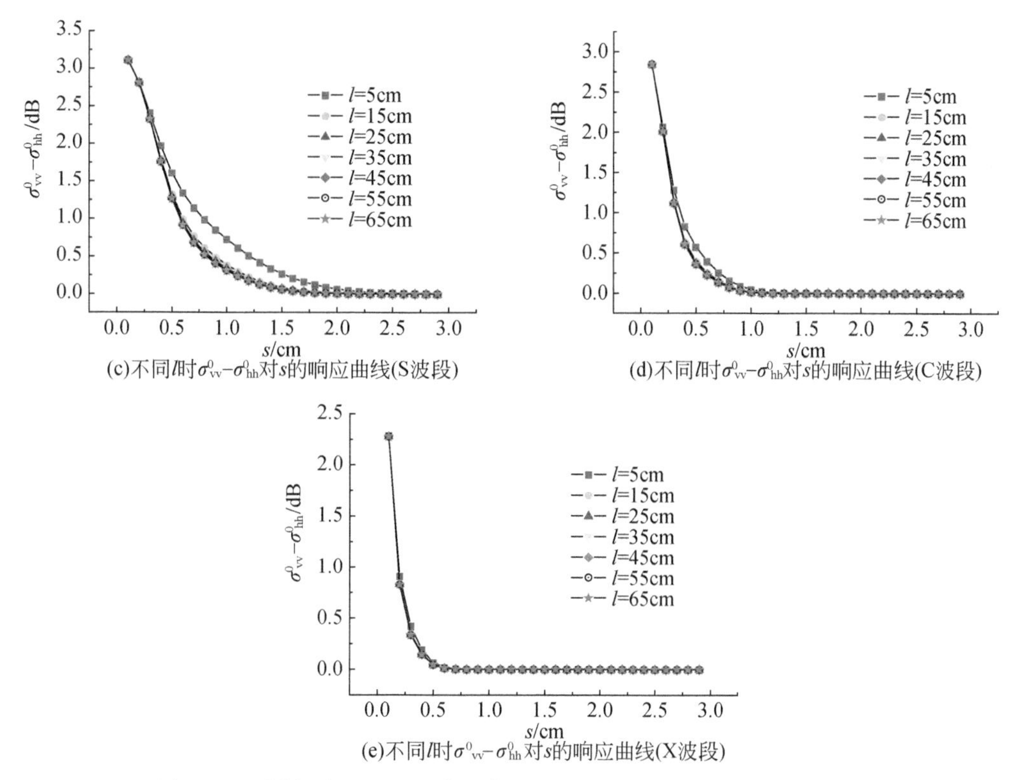

(c)不同l时$\sigma^0_{vv}-\sigma^0_{hh}$对$s$的响应曲线(S波段)

(d)不同l时$\sigma^0_{vv}-\sigma^0_{hh}$对$s$的响应曲线(C波段)

(e)不同l时$\sigma^0_{vv}-\sigma^0_{hh}$对$s$的响应曲线(X波段)

图 3.2　不同相关长度时，$\sigma^0_{vv}-\sigma^0_{hh}$在不同频率下对均方根高度的响应

通过对图 3.2 中各种响应曲线的分析，可以看出各波段极化后向散射系数的变化规律：

（1）试验发现不同 l 时，$\sigma^0_{vv}-\sigma^0_{hh}$ 与 $\sigma^0_{vv}-\sigma^0_{vh}$、$\sigma^0_{vv}-\sigma^0_{hv}$、$\sigma^0_{hh}-\sigma^0_{hv}$、$\sigma^0_{hh}-\sigma^0_{vh}$ 之间对 s 的响应曲线非常相似，这在 5 个不同频率下都呈现相同的特征。

（2）不同 l 时，极化后向散射系数差有相似的变化趋势，对 s 的响应曲线近似重合，而且频率越大重合得越好，极化后向散射系数差都是随 s 的增大而减小。

（3）在 S、C、X 波段下，后向散射系数同极化差不受 l 的影响，基本上只与 s 相关。

图 3.3 给出了不同频率时不同 l 下 $\sigma^0_{vv}/\sigma^0_{hh}$ 对 s 的响应曲线。

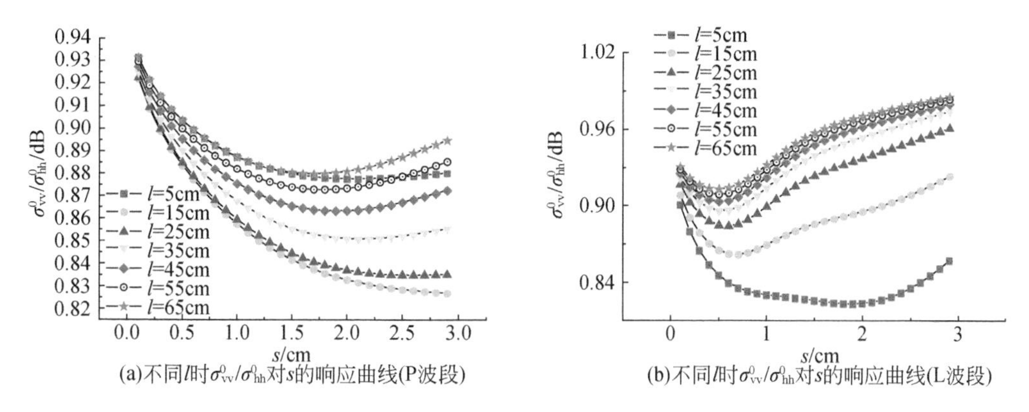

(a)不同l时$\sigma^0_{vv}/\sigma^0_{hh}$对$s$的响应曲线(P波段)

(b)不同l时$\sigma^0_{vv}/\sigma^0_{hh}$对$s$的响应曲线(L波段)

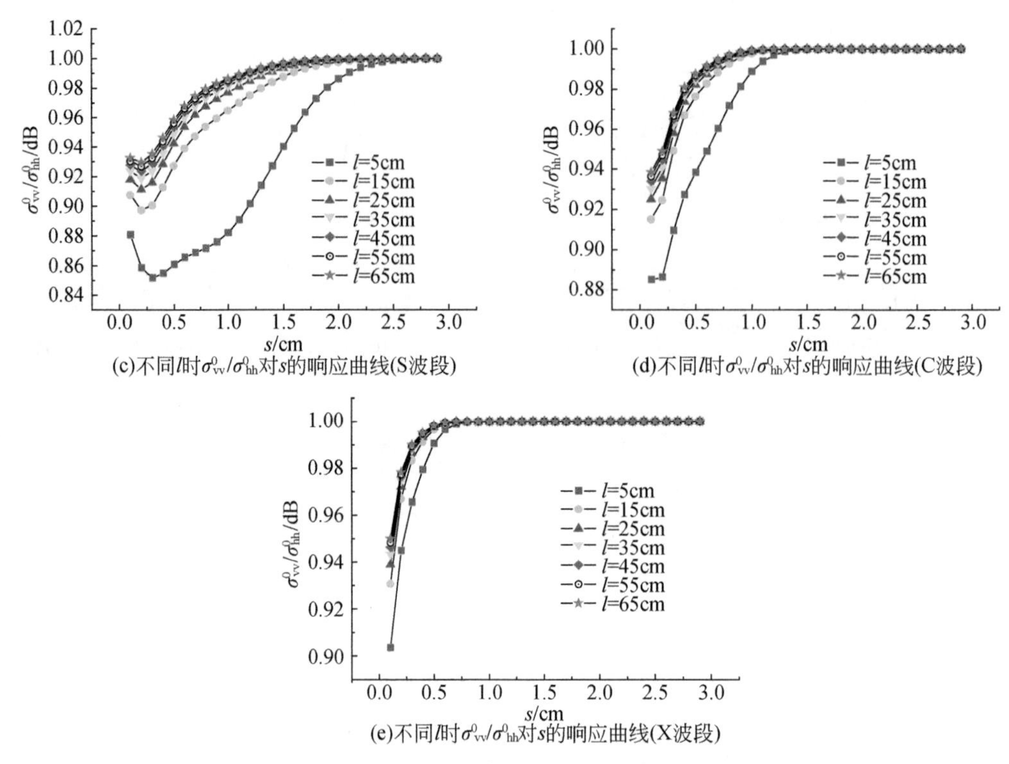

(c)不同l时$\sigma^0_{vv}/\sigma^0_{hh}$对$s$的响应曲线(S波段)

(d)不同l时$\sigma^0_{vv}/\sigma^0_{hh}$对$s$的响应曲线(C波段)

(e)不同l时$\sigma^0_{vv}/\sigma^0_{hh}$对$s$的响应曲线(X波段)

图 3.3　不同相关长度时，$\sigma^0_{vv}/\sigma^0_{hh}$在不同频率下对均方根高度的响应

通过对图 3.3 中各种响应曲线的分析，可以看出各波段极化后向散射系数的变化规律：

（1）不同 l 时，在频率大于 S 波段频率时，$\sigma^0_{vv}/\sigma^0_{hh}$都是随 s 的增大而增大。

（2）不同 l 时，在 P 波段，$\sigma^0_{vv}/\sigma^0_{hh}$都是随 s 的增大而减小。

（3）在 P、C 和 X 波段，$\sigma^0_{vv}/\sigma^0_{hh}$对 s 的响应曲线具有很好的统计意义。

（4）s 相同时，l 越大，$\sigma^0_{vv}/\sigma^0_{hh}$越大。

图 3.4 给出了不同频率时不同 l 下 $\sigma^0_{vv}/\sigma^0_{hh}$对 s 的响应曲线。

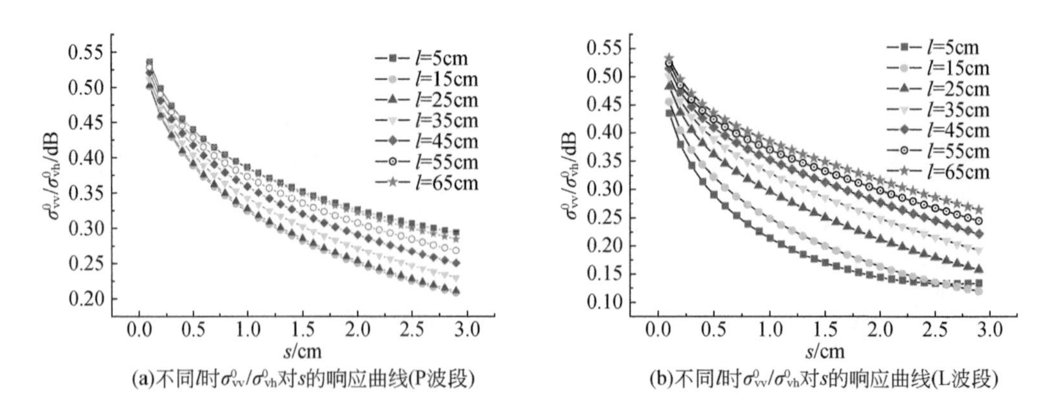

(a)不同l时$\sigma^0_{vv}/\sigma^0_{vh}$对$s$的响应曲线(P波段)

(b)不同l时$\sigma^0_{vv}/\sigma^0_{vh}$对$s$的响应曲线(L波段)

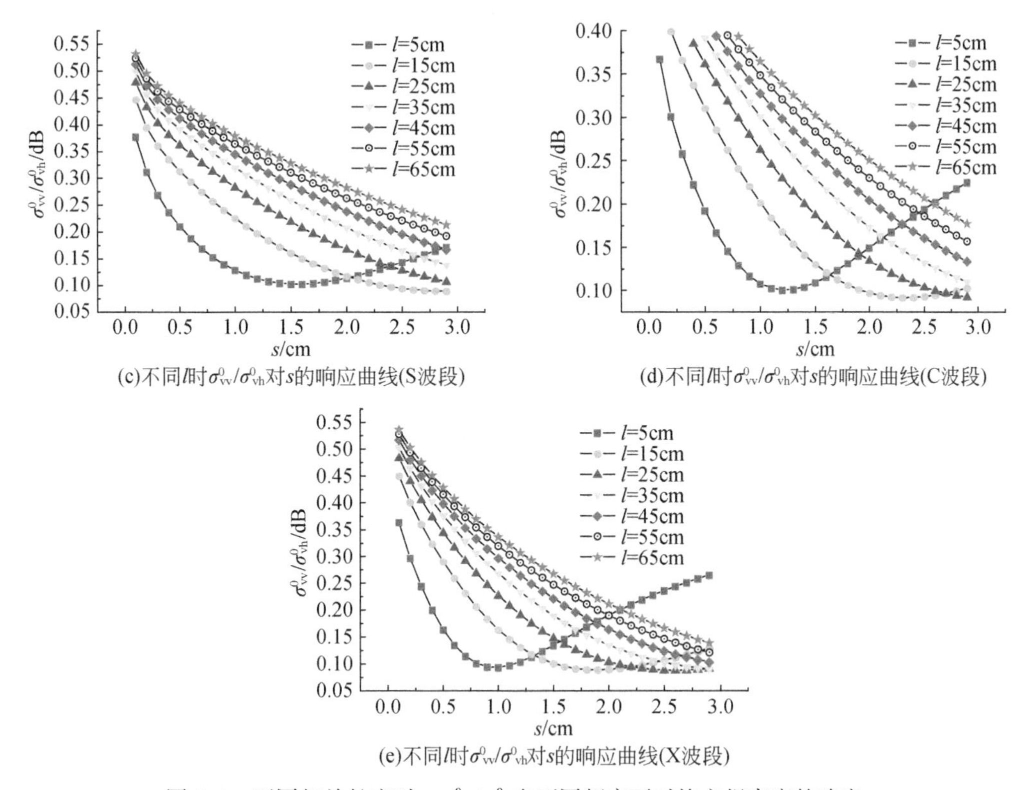

(c)不同l时$\sigma^0_{vv}/\sigma^0_{vh}$对$s$的响应曲线(S波段)

(d)不同l时$\sigma^0_{vv}/\sigma^0_{vh}$对$s$的响应曲线(C波段)

(e)不同l时$\sigma^0_{vv}/\sigma^0_{vh}$对$s$的响应曲线(X波段)

图3.4 不同相关长度时，$\sigma^0_{vv}/\sigma^0_{vh}$在不同频率下对均方根高度的响应

通过对图3.4中各种响应曲线的分析，可以看出各波段极化后向散射系数的变化规律：

（1）试验发现不同l时，$\sigma^0_{vv}/\sigma^0_{vh}$与$\sigma^0_{vv}/\sigma^0_{hv}$、$\sigma^0_{hh}/\sigma^0_{hv}$、$\sigma^0_{hh}/\sigma^0_{vh}$之间对$s$的响应曲线非常相似，这在5个不同频率下都呈现相同的特征。

（2）$\sigma^0_{vv}/\sigma^0_{vh}$、$\sigma^0_{vv}/\sigma^0_{hv}$、$\sigma^0_{hh}/\sigma^0_{hv}$和$\sigma^0_{hh}/\sigma^0_{vh}$极化后向散射系数比在各个波段下都随$s$的增大而减小，只有在频率较大、$l$较小时（<5cm），随$s$的增大先减小后增大。

（3）在P和L波段下，s相同时，l越大，$\sigma^0_{vv}/\sigma^0_{vh}$、$\sigma^0_{vv}/\sigma^0_{hv}$、$\sigma^0_{hh}/\sigma^0_{hv}$和$\sigma^0_{hh}/\sigma^0_{vh}$等极化后向散射系数比越大，而在S、C、X波段下，当$l \geq 15$cm时，基本满足该变化规律。

（4）在不同频率下，当l大于15cm时，极化后向散射系数比都与粗糙度参数间呈现良好的相关性，有利于粗糙度参数的反演。

图3.5给出了不同频率时不同l下$\Delta\sigma^0_{vv}$对s的响应曲线。

通过对图3.5中各种响应曲线的分析，可以看出各波段极化后向散射系数的变化规律：不同l时，当s逐渐增大时，σ^0_{vv}增大的速率越来越小，当s接近2cm时，σ^0_{vv}趋于饱和。l越大，σ^0_{vv}增大的速率越大，这一规律在所有频率下都适用。

2. 不同雷达入射角

根据表3.4，给出5个频率，$l=20$cm，$M_v=30\%$，θ分别取5°、15°、25°、35°、

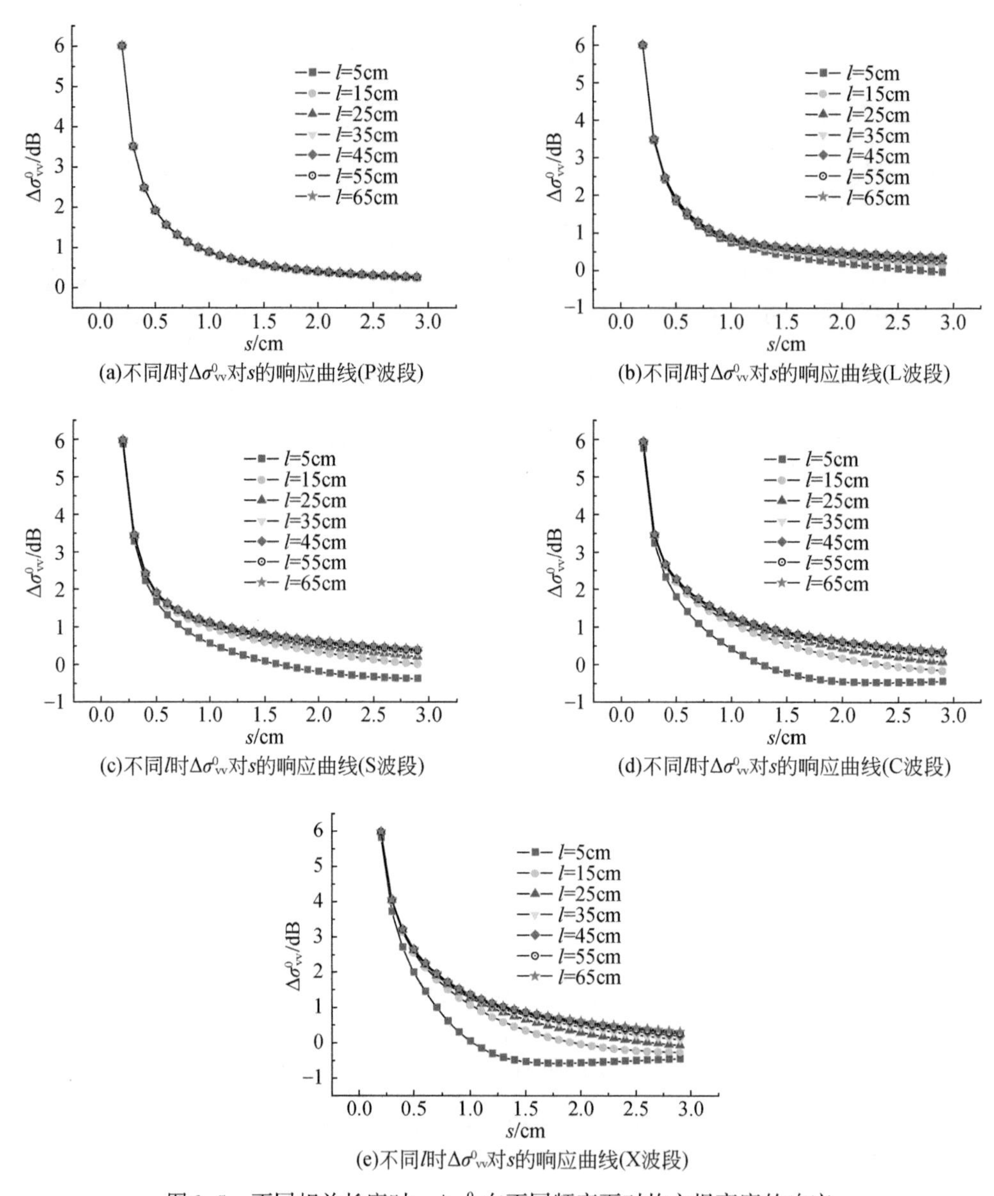

(a)不同l时$\Delta\sigma^0_{vv}$对s的响应曲线(P波段)

(b)不同l时$\Delta\sigma^0_{vv}$对s的响应曲线(L波段)

(c)不同l时$\Delta\sigma^0_{vv}$对s的响应曲线(S波段)

(d)不同l时$\Delta\sigma^0_{vv}$对s的响应曲线(C波段)

(e)不同l时$\Delta\sigma^0_{vv}$对s的响应曲线(X波段)

图 3.5　不同相关长度时，$\Delta\sigma^0_{vv}$在不同频率下对均方根高度的响应

45°和 55°共 6 个不同值。选择表 3.5 中不同组合方式的极化后向散射系数，分析其对 s 的响应，图 3.6 是不同频率下，不同组合方式的极化后向散射系数对 s 的响应曲线，其中图 3.6（a1）~图 3.6（a5）给出了不同 θ 下 σ^0_{vv} 对 s 的响应曲线，图 3.6（b1）~图 3.6（b5）给出了不同 θ 下 $\sigma^0_{vv}-\sigma^0_{hh}$ 对 s 的响应曲线，图 3.6（c1）~图 3.6（c5）给出了不同 θ 下 $\sigma^0_{vv}/\sigma^0_{vh}$ 对 s 的响应曲线，图 3.6（d1）~图 3.6（d5）给出了不同 θ 下 $\Delta\sigma^0_{vv}$ 对 s 的响应曲线。

通过对图 3.6 进行分析，可以看出：

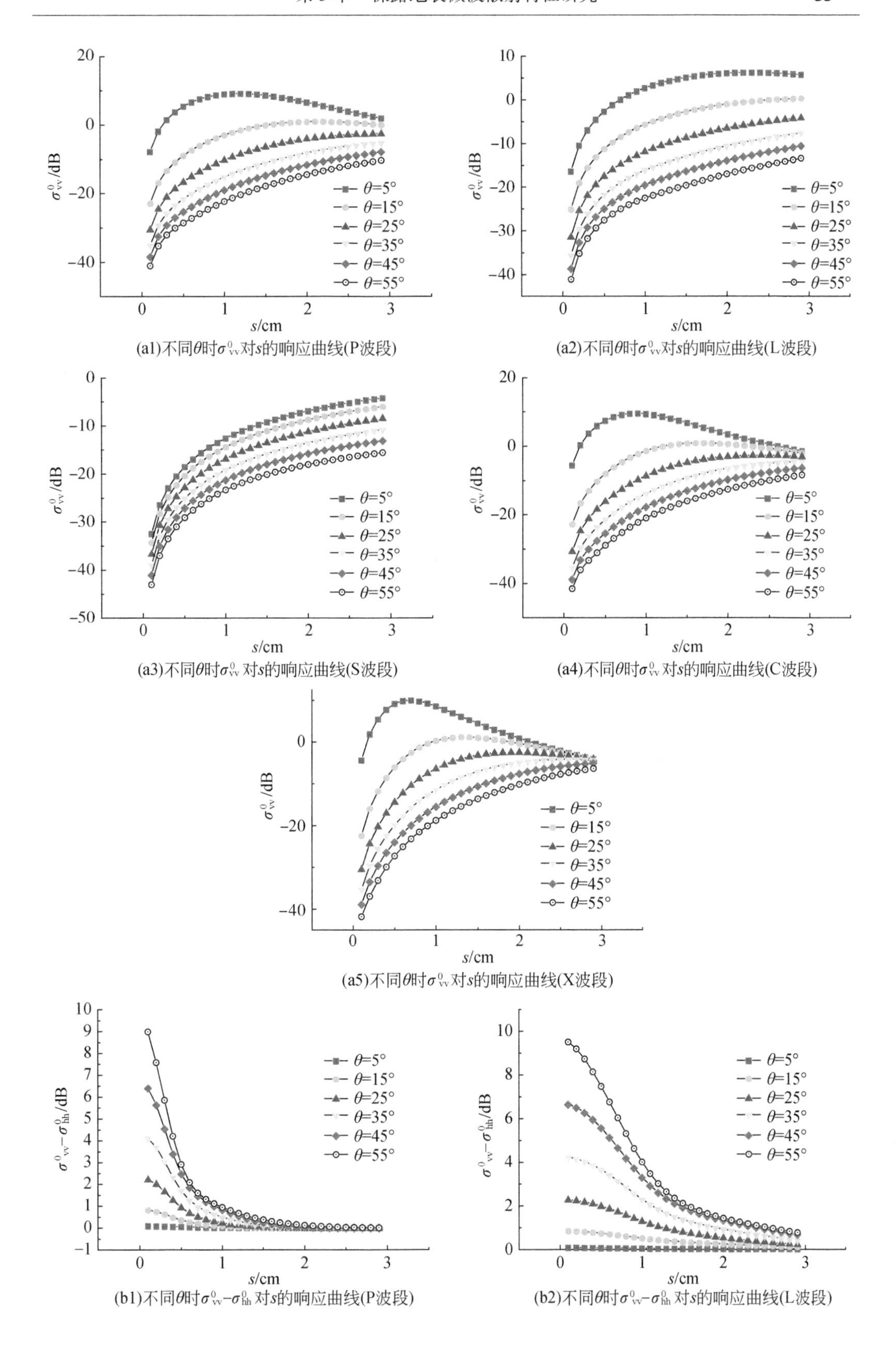

(a1)不同θ时σ^0_{vv}对s的响应曲线(P波段)

(a2)不同θ时σ^0_{vv}对s的响应曲线(L波段)

(a3)不同θ时σ^0_{vv}对s的响应曲线(S波段)

(a4)不同θ时σ^0_{vv}对s的响应曲线(C波段)

(a5)不同θ时σ^0_{vv}对s的响应曲线(X波段)

(b1)不同θ时$\sigma^0_{vv}-\sigma^0_{hh}$对$s$的响应曲线(P波段)

(b2)不同θ时$\sigma^0_{vv}-\sigma^0_{hh}$对$s$的响应曲线(L波段)

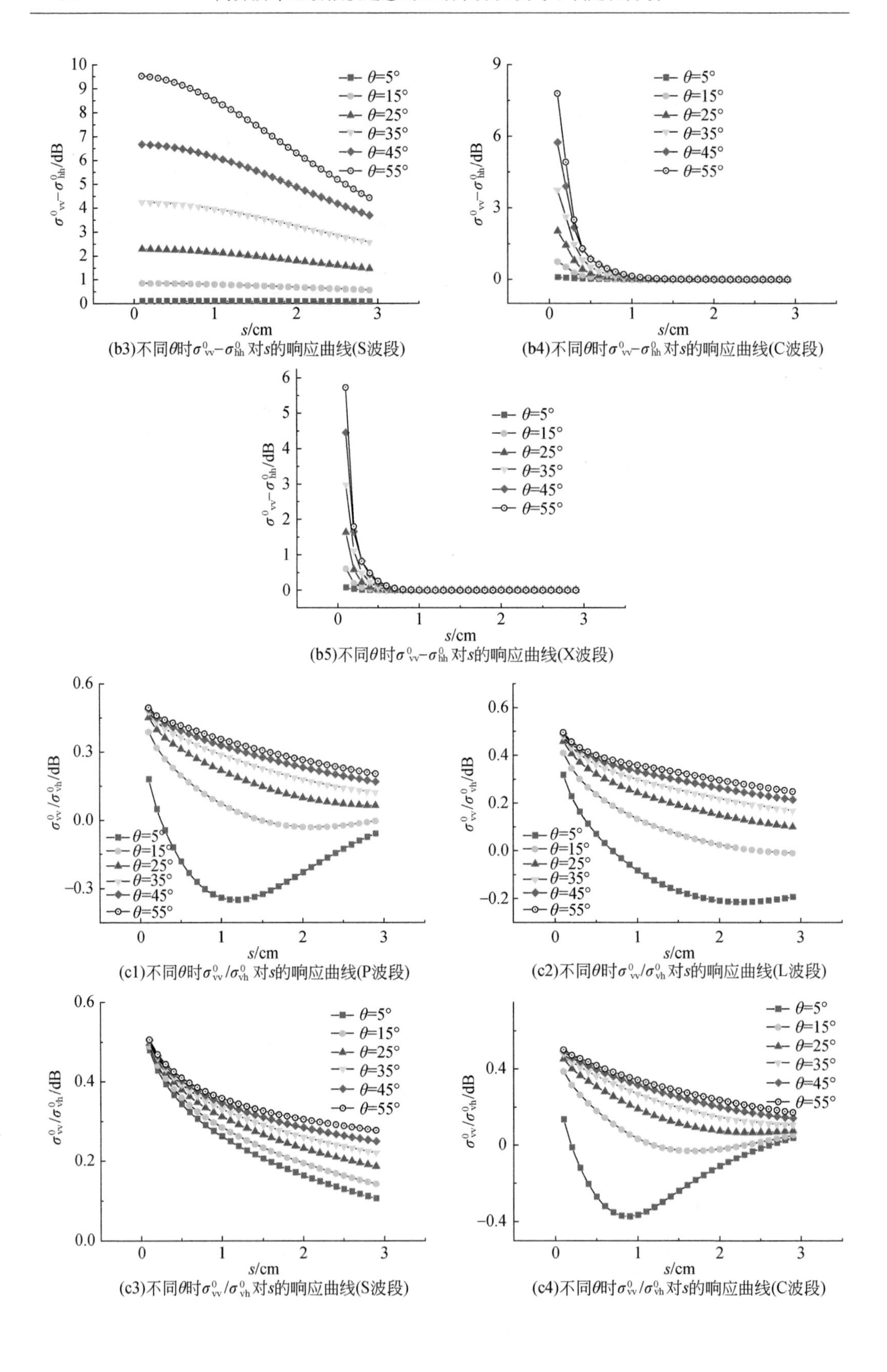

(b3)不同θ时$\sigma^0_{vv}-\sigma^0_{hh}$对$s$的响应曲线(S波段)

(b4)不同θ时$\sigma^0_{vv}-\sigma^0_{hh}$对$s$的响应曲线(C波段)

(b5)不同θ时$\sigma^0_{vv}-\sigma^0_{hh}$对$s$的响应曲线(X波段)

(c1)不同θ时$\sigma^0_{vv}/\sigma^0_{vh}$对$s$的响应曲线(P波段)

(c2)不同θ时$\sigma^0_{vv}/\sigma^0_{vh}$对$s$的响应曲线(L波段)

(c3)不同θ时$\sigma^0_{vv}/\sigma^0_{vh}$对$s$的响应曲线(S波段)

(c4)不同θ时$\sigma^0_{vv}/\sigma^0_{vh}$对$s$的响应曲线(C波段)

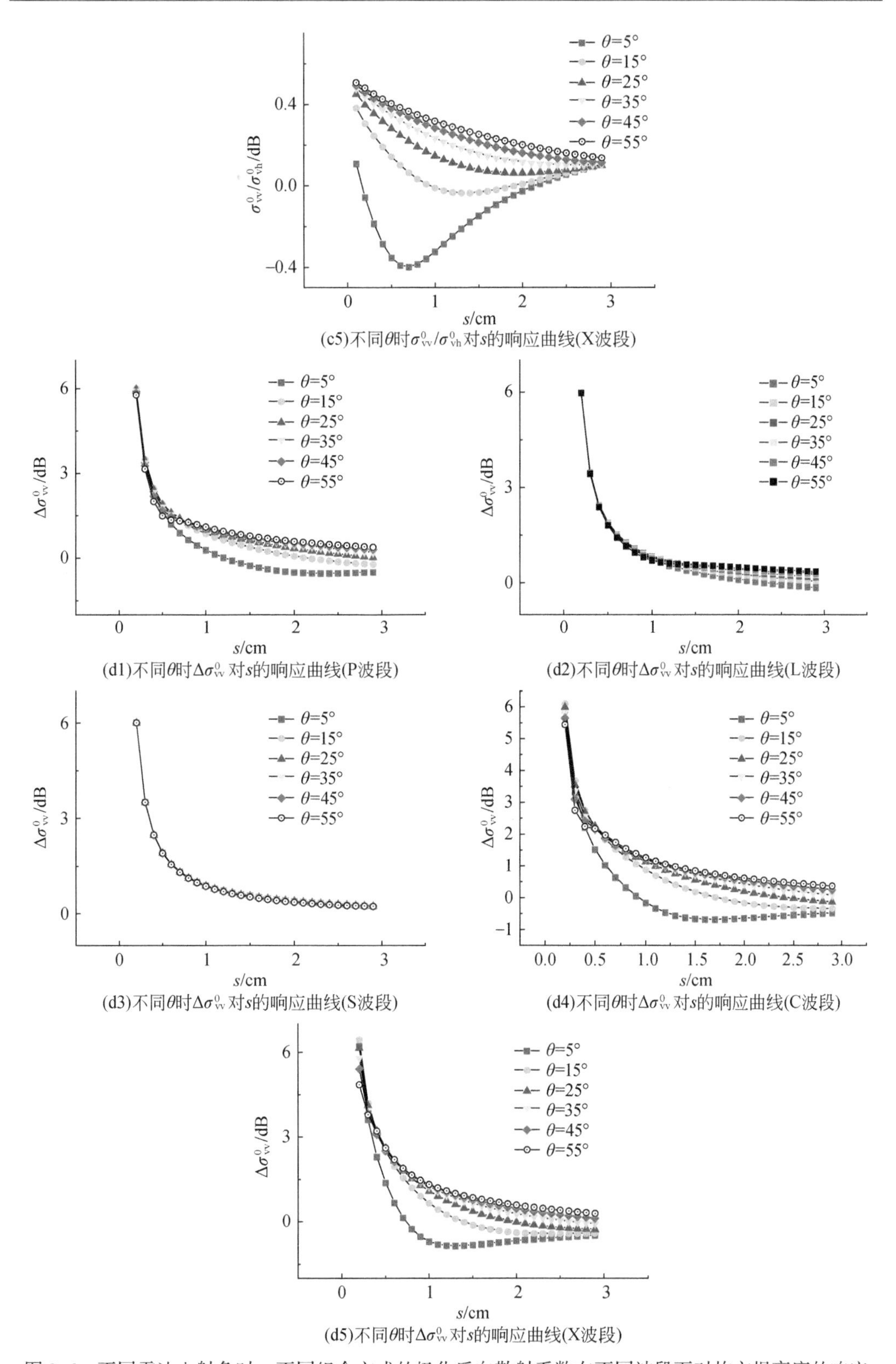

(c5)不同θ时$\sigma^0_{vv}/\sigma^0_{vh}$对$s$的响应曲线(X波段)

(d1)不同θ时$\Delta\sigma^0_{vv}$对s的响应曲线(P波段)

(d2)不同θ时$\Delta\sigma^0_{vv}$对s的响应曲线(L波段)

(d3)不同θ时$\Delta\sigma^0_{vv}$对s的响应曲线(S波段)

(d4)不同θ时$\Delta\sigma^0_{vv}$对s的响应曲线(C波段)

(d5)不同θ时$\Delta\sigma^0_{vv}$对s的响应曲线(X波段)

图 3.6　不同雷达入射角时，不同组合方式的极化后向散射系数在不同波段下对均方根高度的响应

（1）试验发现不同 θ 时，σ_{vv}^0 与 σ_{hh}^0、σ_{vh}^0、σ_{hv}^0 之间，$\sigma_{vv}^0-\sigma_{vh}^0$ 与 $\sigma_{vv}^0-\sigma_{hv}^0$，$\sigma_{hh}^0-\sigma_{hv}^0$ 与 $\sigma_{hh}^0-\sigma_{vh}^0$，$\sigma_{vv}^0/\sigma_{vh}^0$ 与 $\sigma_{vv}^0/\sigma_{hv}^0$、$\sigma_{hh}^0/\sigma_{hv}^0$、$\sigma_{hh}^0/\sigma_{vh}^0$ 之间对 s 的响应曲线非常相似，这在 5 个不同频率下都呈现相同的特征。

（2）不同 θ 时，在 VV、HH、VH、HV 极化方式下，P、C、X 波段下，$\theta>25°$ 时，基本上极化后向散射系数随 s 的增大而增大；$\theta<25°$ 时，极化后向散射系数先增大后减小。在 L、S 波段下，不同 θ 的极化后向散射系数基本上随 s 的增大而增大。s 相同时，θ 越大，极化后向散射系数越小。

（3）不同波段下，不同 θ 时，$\sigma_{vv}^0-\sigma_{hh}^0$ 有相似的变化趋势，随 s 的增大而减小。在 P、L 波段下，当 s 接近 2cm 时，$\sigma_{vv}^0-\sigma_{hh}^0$ 趋于平缓；在 C、X 波段下，当 s 接近 1cm 时，$\sigma_{vv}^0-\sigma_{hh}^0$ 趋于平缓；而在 S 波段下，当 θ 小于 35°时，$\sigma_{vv}^0-\sigma_{hh}^0$ 随 s 的增大减小得非常缓慢。

（4）在 L、S 波段下，极化后向散射系数比随 s 的增大而减小，在 P、C、X 波段下，当 θ 大于 25°时，极化后向散射系数比基本上随 s 的增大而减小，$\theta<25°$ 时，随 s 的增大先减小后增大。s 相同时，θ 越大，极化后向散射系数比越大。

（5）不同波段下，不同 θ 时，s 逐渐增大时，σ_{vv}^0 增大的速率越来越小，当 s 接近 2cm 时，σ_{vv}^0 趋于饱和。θ 越大，σ_{vv}^0 增大的速率越大。

3. 不同土壤水分

根据表 3.4，给出 5 个频率，$l=20$cm，$\theta=30°$，M_v 分别取 5%、15%、25%、35%、45% 和 55% 共 6 个不同值。选择表 3.5 中不同组合方式的极化后向散射系数，分析其对 s 的响应，图 3.7 时不同频率下，不同组合方式的极化后向散射系数对 s 的响应曲线，其中图 3.7（a1）~图 3.7（a5）给出了不同 M_v 下 σ_{vv}^0 对 s 的响应曲线，图 3.7（b1）~图 3.7（b5）给出了不同 M_v 下 $\sigma_{vv}^0-\sigma_{hh}^0$ 对 s 的响应曲线，图 3.7（c1）~图 3.7（c5）给出了不同 M_v 下 $\sigma_{vv}^0/\sigma_{hh}^0$ 对 s 的响应曲线，图 3.7（d1）~图 3.7（d5）给出了不同 M_v 下 $\sigma_{vv}^0/\sigma_{vh}^0$ 对 s 的响应曲线，图 3.7（e1）~图 3.7（e5）给出了不同 M_v 下 $\Delta\sigma_{vv}^0$ 对 s 的响应曲线。

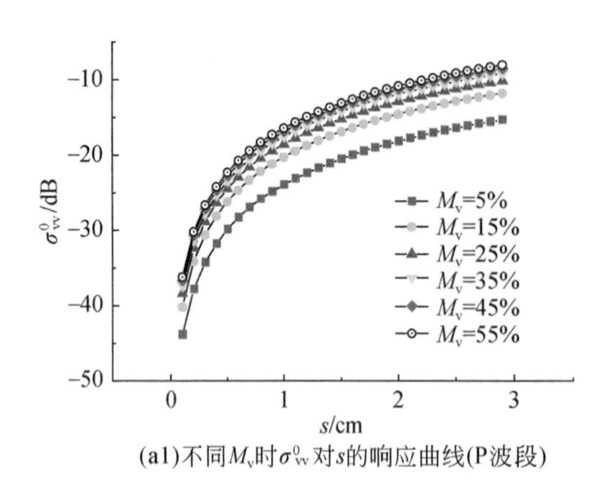

(a1)不同 M_v 时 σ_{vv}^0 对 s 的响应曲线(P波段)

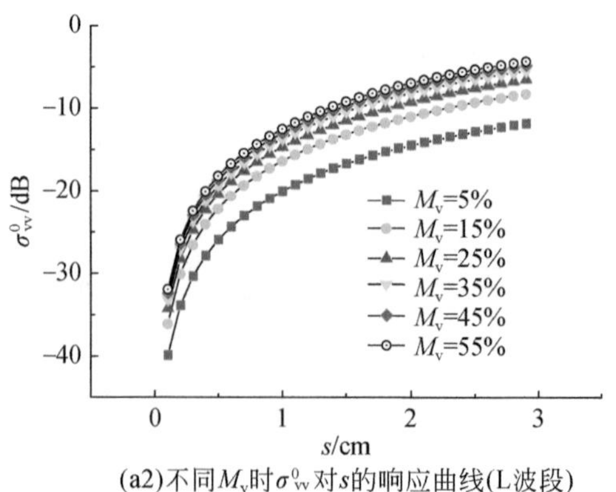

(a2)不同 M_v 时 σ_{vv}^0 对 s 的响应曲线(L波段)

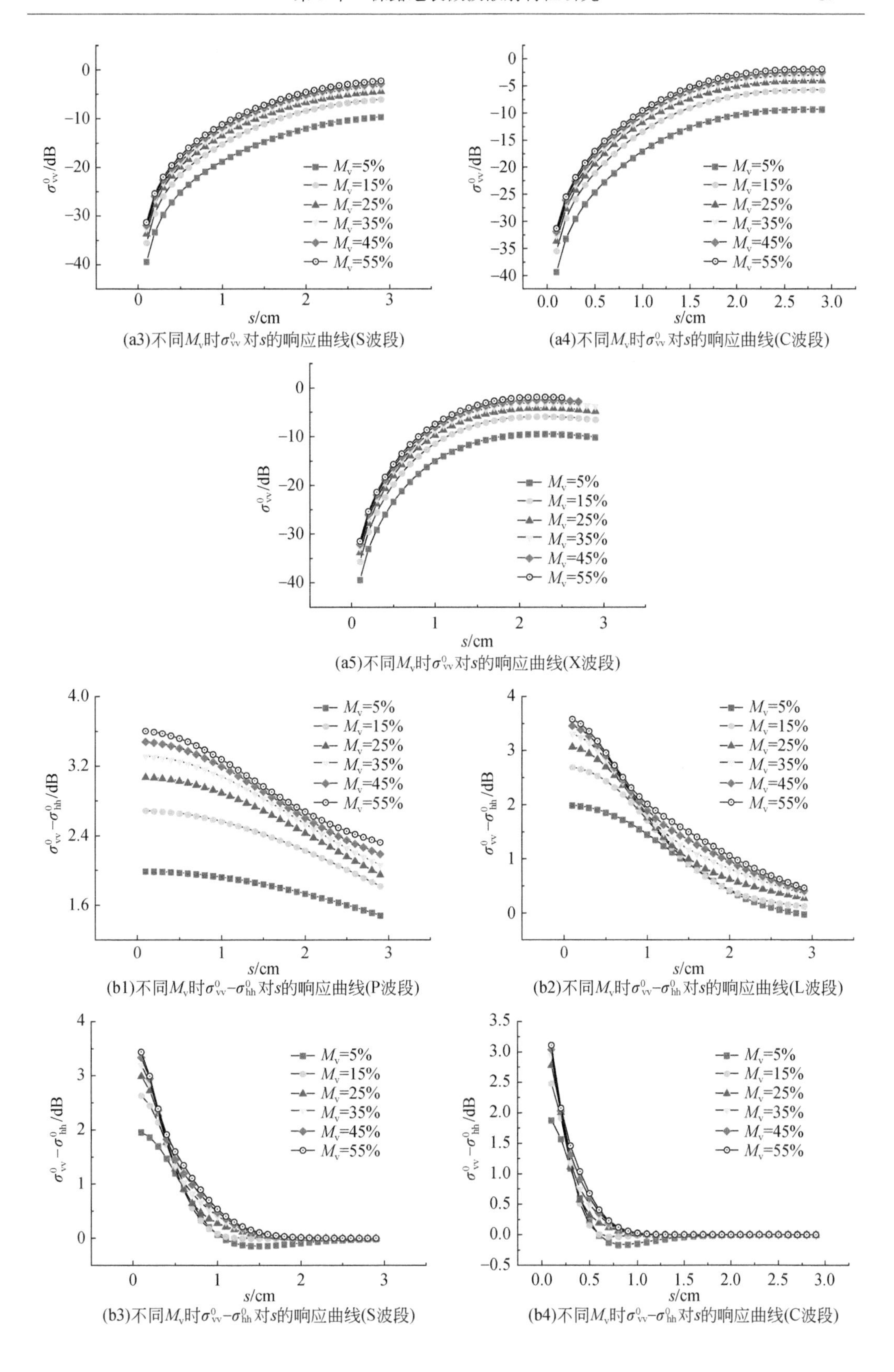

(a3)不同M_v时σ^0_{vv}对s的响应曲线(S波段)

(a4)不同M_v时σ^0_{vv}对s的响应曲线(C波段)

(a5)不同M_v时σ^0_{vv}对s的响应曲线(X波段)

(b1)不同M_v时$\sigma^0_{vv}-\sigma^0_{hh}$对$s$的响应曲线(P波段)

(b2)不同M_v时$\sigma^0_{vv}-\sigma^0_{hh}$对$s$的响应曲线(L波段)

(b3)不同M_v时$\sigma^0_{vv}-\sigma^0_{hh}$对$s$的响应曲线(S波段)

(b4)不同M_v时$\sigma^0_{vv}-\sigma^0_{hh}$对$s$的响应曲线(C波段)

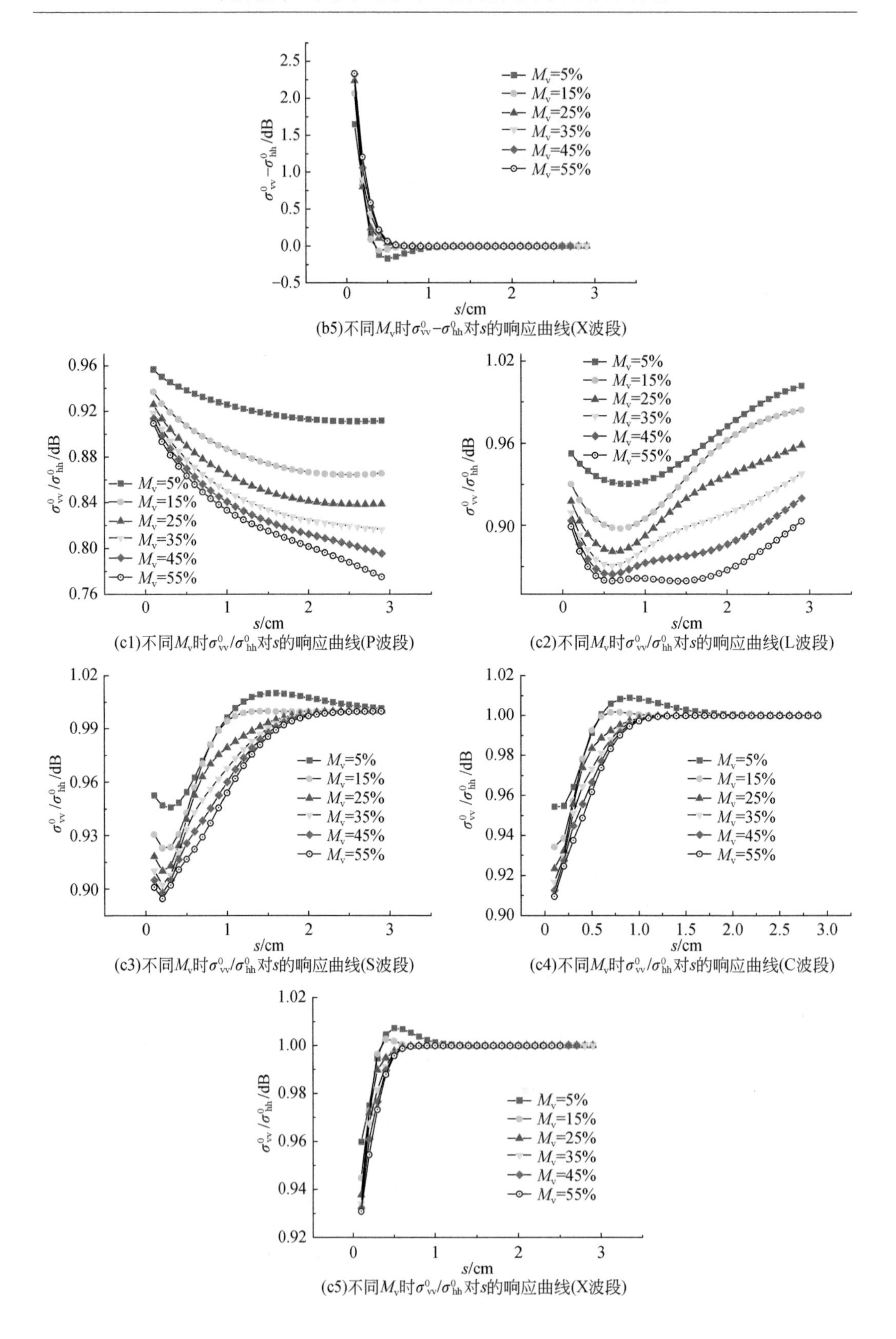

(b5)不同M_v时$\sigma^0_{vv}-\sigma^0_{hh}$对$s$的响应曲线(X波段)

(c1)不同M_v时$\sigma^0_{vv}/\sigma^0_{hh}$对$s$的响应曲线(P波段)

(c2)不同M_v时$\sigma^0_{vv}/\sigma^0_{hh}$对$s$的响应曲线(L波段)

(c3)不同M_v时$\sigma^0_{vv}/\sigma^0_{hh}$对$s$的响应曲线(S波段)

(c4)不同M_v时$\sigma^0_{vv}/\sigma^0_{hh}$对$s$的响应曲线(C波段)

(c5)不同M_v时$\sigma^0_{vv}/\sigma^0_{hh}$对$s$的响应曲线(X波段)

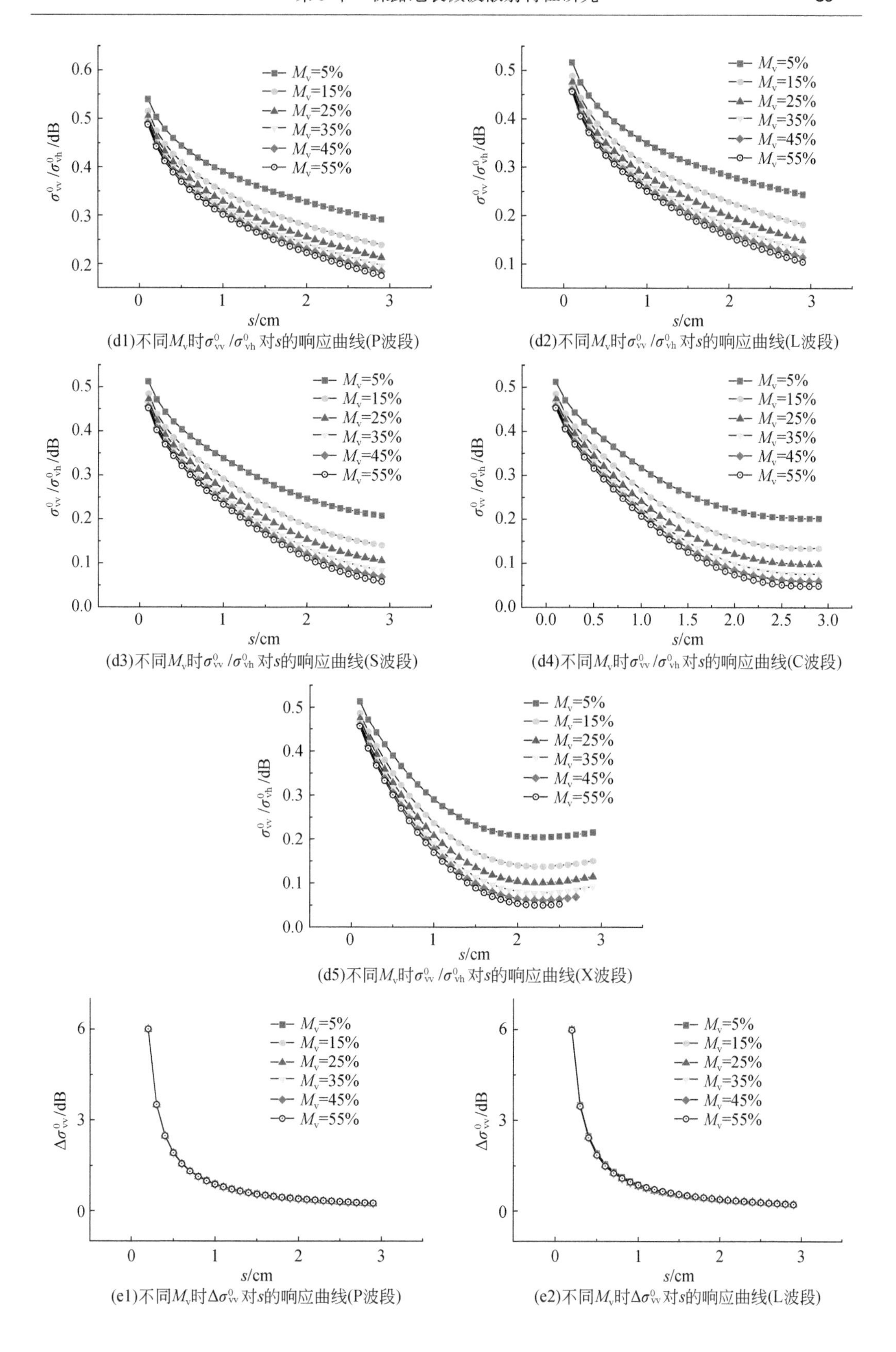

(d1)不同M_v时$\sigma^0_{vv}/\sigma^0_{vh}$对$s$的响应曲线(P波段)

(d2)不同M_v时$\sigma^0_{vv}/\sigma^0_{vh}$对$s$的响应曲线(L波段)

(d3)不同M_v时$\sigma^0_{vv}/\sigma^0_{vh}$对$s$的响应曲线(S波段)

(d4)不同M_v时$\sigma^0_{vv}/\sigma^0_{vh}$对$s$的响应曲线(C波段)

(d5)不同M_v时$\sigma^0_{vv}/\sigma^0_{vh}$对$s$的响应曲线(X波段)

(e1)不同M_v时$\Delta\sigma^0_{vv}$对s的响应曲线(P波段)

(e2)不同M_v时$\Delta\sigma^0_{vv}$对s的响应曲线(L波段)

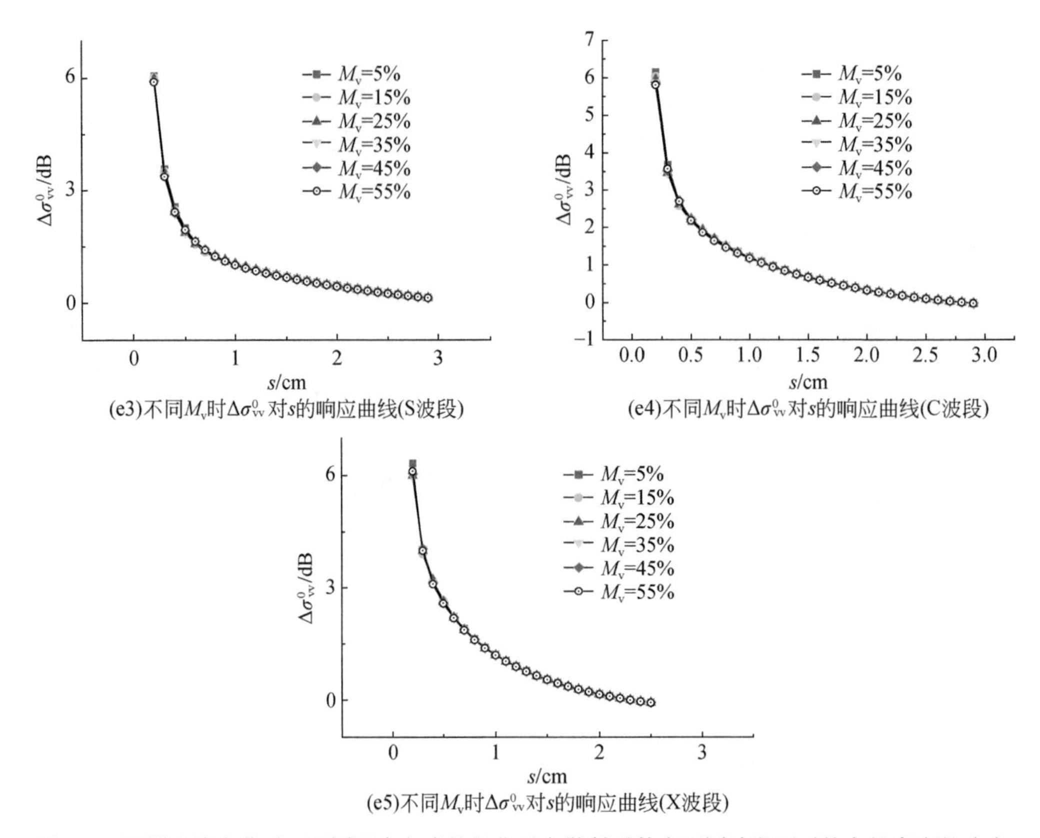

(e3)不同M_v时$\Delta\sigma^0_{vv}$对s的响应曲线(S波段)

(e4)不同M_v时$\Delta\sigma^0_{vv}$对s的响应曲线(C波段)

(e5)不同M_v时$\Delta\sigma^0_{vv}$对s的响应曲线(X波段)

图 3.7　不同土壤水分时，不同组合方式的极化后向散射系数在不同波段下对均方根高度的响应

通过对图 3.7 中响应曲线进行分析，可得出以下几点结论：

(1) 试验发现不同 M_v 时，极化的 σ^0_{vv} 与 σ^0_{hh}、σ^0_{vh}、σ^0_{hv} 之间，$\sigma^0_{vv}-\sigma^0_{hh}$ 与 $\sigma^0_{vv}-\sigma^0_{vh}$、$\sigma^0_{vv}-\sigma^0_{hv}$、$\sigma^0_{hh}-\sigma^0_{hv}$、$\sigma^0_{hh}-\sigma^0_{vh}$，$\sigma^0_{vv}/\sigma^0_{vh}$ 与 $\sigma^0_{vv}/\sigma^0_{hv}$、$\sigma^0_{hh}/\sigma^0_{hv}$、$\sigma^0_{hh}/\sigma^0_{vh}$ 之间对 s 的响应曲线非常相似，这在 5 个不同频率下都呈现相同的特征。

(2) 不同频率时，在 VV、HH、VH、HV 极化方式下，不同 M_v 时极化后向散射系数对 s 的响应曲线很相似，极化后向散射系数都随 s 的增大而增大，接近 3cm 时，极化后向散射系数趋于饱和。s 相同时，M_v 越大，极化后向散射系数越大，随着 M_v 饱和，极化后向散射系数增大的趋势越平缓。

(3) 不同 M_v 时，极化后向散射系数差有相似的变化趋势，大体上是随 s 的增大而减小，其中 S、C、X 波段下对 s 的响应曲线近似重合，当 s 接近 1cm 时，极化后向散射系数差趋于平缓。

(4) 不同 M_v 时，C、X 波段下的 $\sigma^0_{vv}/\sigma^0_{hh}$ 也有相似的变化趋势，都是随 s 的增大而增大，当 s 接近 1.5cm 时，$\sigma^0_{vv}/\sigma^0_{hh}$ 的增大趋于饱和。而 P 波段下的 $\sigma^0_{vv}/\sigma^0_{hh}$ 随 s 的增大而减小，L、S 波段下 $\sigma^0_{vv}/\sigma^0_{hh}$ 的变化较为复杂。s 相同时，M_v 越大，$\sigma^0_{vv}/\sigma^0_{hh}$ 越小。

(5) 不同波段下，$\sigma^0_{vv}/\sigma^0_{vh}$、$\sigma^0_{vv}/\sigma^0_{hv}$、$\sigma^0_{hh}/\sigma^0_{hv}$ 和 $\sigma^0_{hh}/\sigma^0_{vh}$ 极化后向散射系数比随 s 的增大而减小，当 s 接近 3cm 时，上述极化后向散射系数比的减小趋于饱和。s 相同时，M_v 越大，上述极化后向散射系数比越小。

（6）不同波段下，不同 M_v 时，$\Delta\sigma_{vv}^0$ 对 s 的响应曲线基本重合，当 s 逐渐增大时，σ_{vv}^0 增大的速率越来越小，当 s 接近3cm时，σ_{vv}^0 趋于饱和。

3.2.2　后向散射系数对相关长度的响应

在不同 M_v、不同 s、不同 θ、不同 f 下，分析不同组合方式的极化后向散射系数对 l 的响应曲线。

1. 不同均方根高度

根据表3.4，给出5个频率，$l\in$（5cm，70cm），步长为5cm；$\theta=30°$，$M_v=30\%$；s 分别取0.2cm、0.8cm、1.4cm、2.0cm、2.6cm和3.2cm共6个不同值。选择表3.5中不同组合方式的极化后向散射系数，分析其对 l 的响应，图3.8是不同频率时，不同 s 下 σ_{vv}^0 对 l 的响应曲线。

通过对图3.8中各种响应曲线的分析，可得出以下几点结论：

（1）试验发现不同 s 时，σ_{vv}^0 与 σ_{hh}^0、σ_{vh}^0、σ_{hv}^0 之间对 l 的响应曲线非常相似，在不同频率下也发现类似的规律。

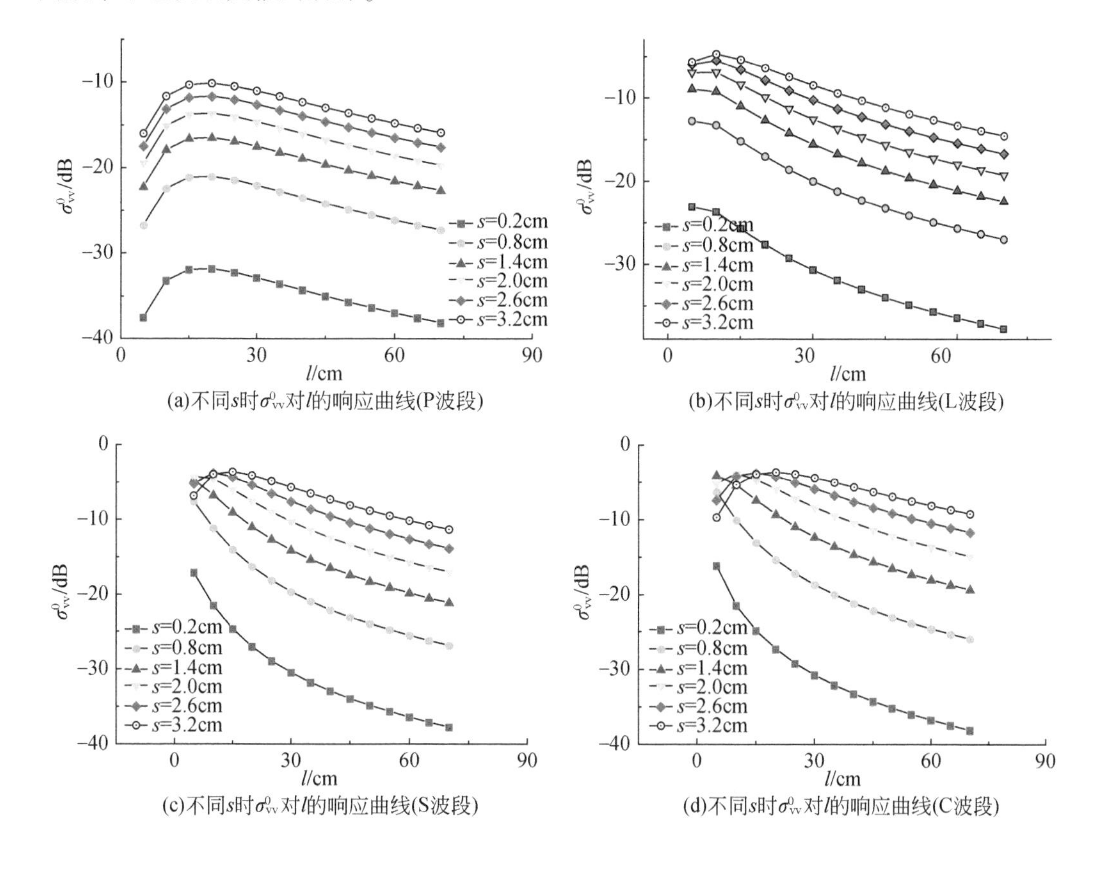

(a)不同 s 时 σ_{vv}^0 对 l 的响应曲线(P波段)

(b)不同 s 时 σ_{vv}^0 对 l 的响应曲线(L波段)

(c)不同 s 时 σ_{vv}^0 对 l 的响应曲线(S波段)

(d)不同 s 时 σ_{vv}^0 对 l 的响应曲线(C波段)

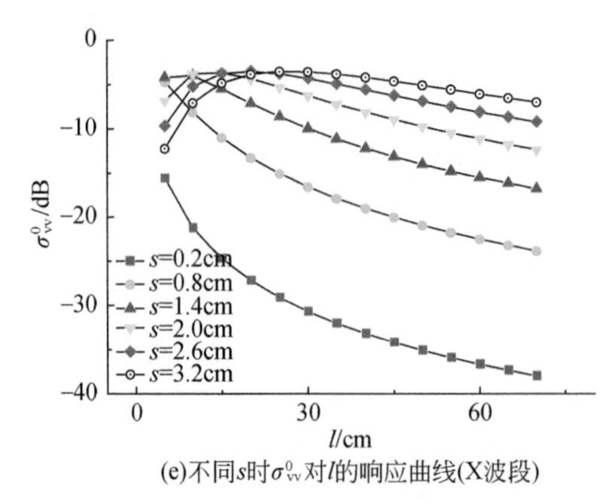

(e)不同s时σ^0_{vv}对l的响应曲线(X波段)

图 3.8　不同均方根高度时，σ^0_{vv}在不同频率下对相关长度的响应

（2）VV、HH、VH、HV 极化方式下，P 波段下极化后向散射系数与粗糙度参数的关系较为简单，极化后向散射系数都随 l 的增大而先增大后减小；L 波段下极化后向散射系数都随 l 的增大而减小，l 相同时，s 越大，极化后向散射系数越大。随着频率的增大，二者之间相互作用复杂，随着 l 的增大，s 较大时的极化后向散射系数的变化由单调递减变为先增大后减小。

图 3.9 是不同频率时不同 s 下 $\sigma^0_{vv}/\sigma^0_{vh}$对 l 的响应曲线。

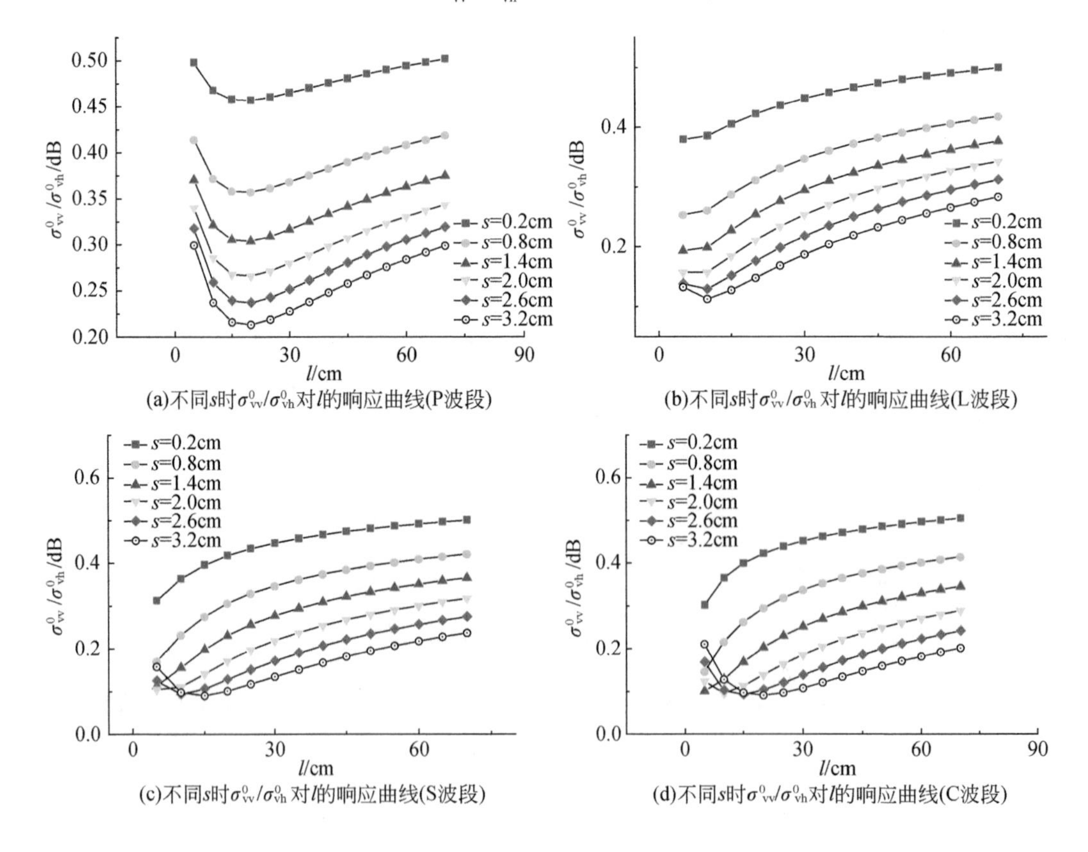

(a)不同s时$\sigma^0_{vv}/\sigma^0_{vh}$对$l$的响应曲线(P波段)　(b)不同$s$时$\sigma^0_{vv}/\sigma^0_{vh}$对$l$的响应曲线(L波段)

(c)不同s时$\sigma^0_{vv}/\sigma^0_{vh}$对$l$的响应曲线(S波段)　(d)不同$s$时$\sigma^0_{vv}/\sigma^0_{vh}$对$l$的响应曲线(C波段)

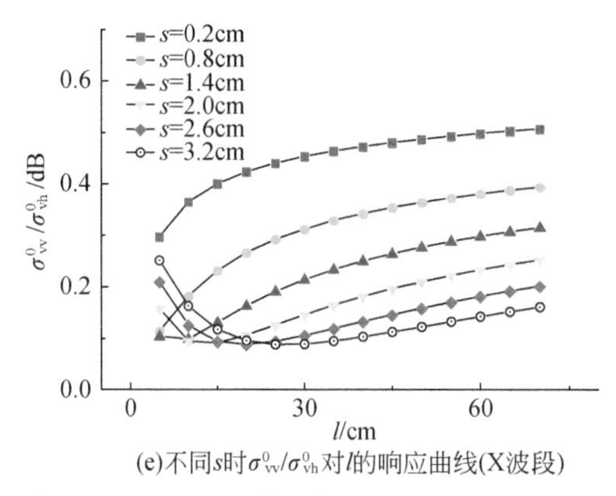

(e)不同s时$\sigma^0_{vv}/\sigma^0_{vh}$对$l$的响应曲线(X波段)

图 3.9　不同均方根高度时，$\sigma^0_{vv}/\sigma^0_{vh}$在不同频率下对相关长度的响应

通过对图 3.9 中各种响应曲线的分析，可得出以下几点结论：

（1）试验发现不同 s 时，$\sigma^0_{vv}/\sigma^0_{vh}$与 $\sigma^0_{vv}/\sigma^0_{hv}$、$\sigma^0_{hh}/\sigma^0_{hv}$、$\sigma^0_{hh}/\sigma^0_{vh}$之间对 l 的响应曲线非常相似，在不同频率下也发现类似的规律。

（2）$\sigma^0_{vv}/\sigma^0_{vh}$、$\sigma^0_{vv}/\sigma^0_{hv}$、$\sigma^0_{hh}/\sigma^0_{hv}$和 $\sigma^0_{hh}/\sigma^0_{vh}$极化后向散射系数比在不同频率下有类似的变化趋势，P 波段下极化后向散射系数比随 l 的增大而先减小后增大，在 L 波段下极化后向散射系数比呈单调递增，l 相同时，s 越大，上述极化后向散射系数比越小。随着频率及 l 的增大，s 较大时的极化后向散射系数的变化由单调递减变为先增大后减小。

图 3.10 是不同频率时不同 s 下 $\Delta\sigma^0_{vv}$对 l 的响应曲线。

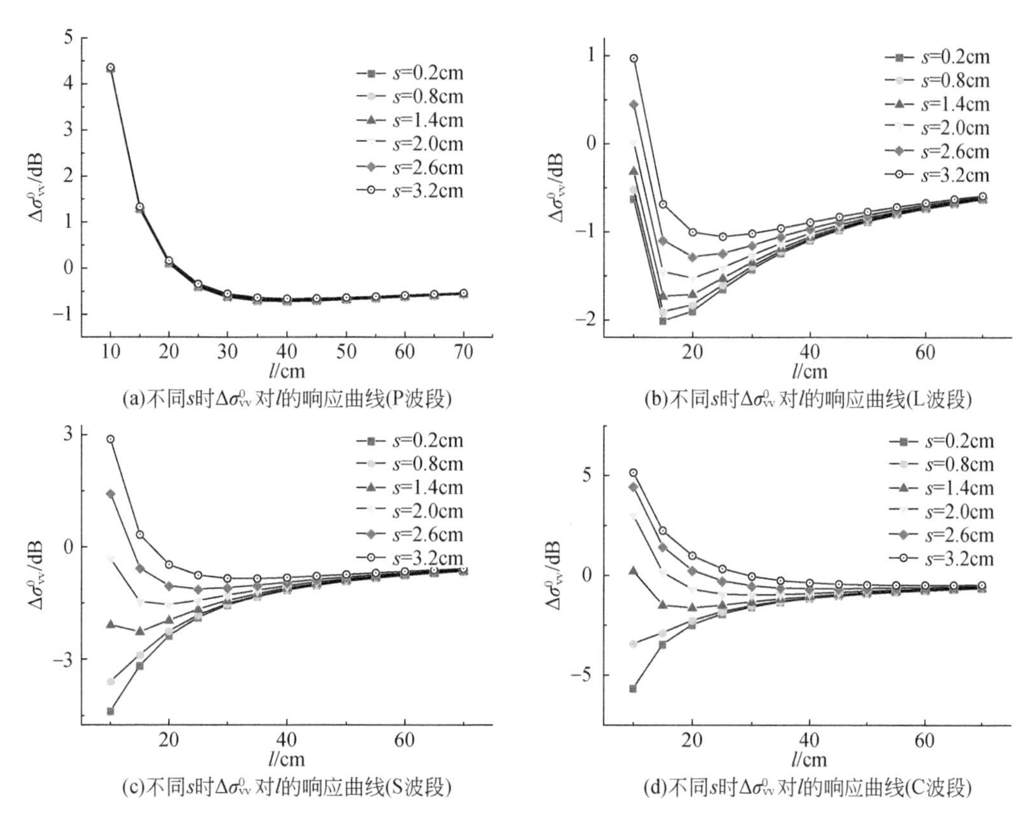

(a)不同s时$\Delta\sigma^0_{vv}$对l的响应曲线(P波段)

(b)不同s时$\Delta\sigma^0_{vv}$对l的响应曲线(L波段)

(c)不同s时$\Delta\sigma^0_{vv}$对l的响应曲线(S波段)

(d)不同s时$\Delta\sigma^0_{vv}$对l的响应曲线(C波段)

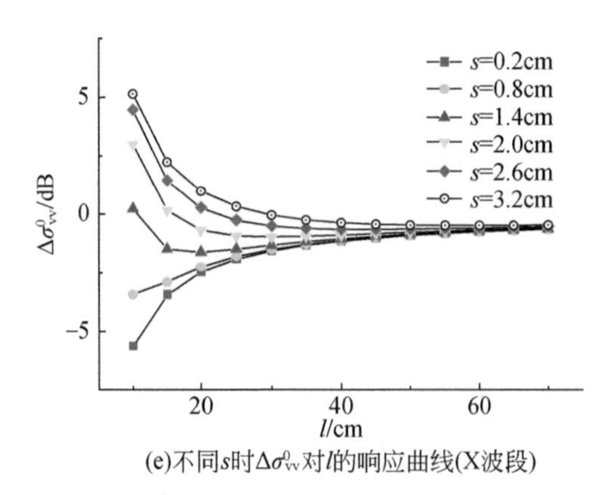

(e)不同s时$\Delta\sigma^0_{vv}$对l的响应曲线(X波段)

图 3.10　不同均方根高度时，$\Delta\sigma^0_{vv}$在不同频率下对相关长度的响应

通过对图 3.10 中各种响应曲线的分析，可得出以下结论：不同频率和 s 时，$\Delta\sigma^0_{vv}$对 l 的响应曲线因 s 的不同变化规律也不同，P 波段下，l<20cm 时，随着 l 逐渐增大，极化后向散射系数缓慢增大。随着频率增大，极化后向散射系数的变化强度极大地依赖于 s。在所有频率下，当 l 接近 50cm 时，σ^0_{vv}趋于饱和。

2. 不同雷达入射角

根据表 3.4，给出 5 个频率，$s=1.4$cm，$l\in$（5cm，70cm），步长为 5cm；土壤水分 $M_v=30\%$；θ 分别取 5°、15°、25°、35°、45°和 55°共 6 个不同值。选择表 3.5 中不同组合方式的极化后向散射系数，分析其对 l 的响应，图 3.11（a1）~ 图 3.11（a5）给出了不同频率不同 θ 下 σ^0_{vv}对 l 的响应曲线，图 3.11（b1）~ 图 3.11（b5）给出了不同频率不同 θ 下 $\sigma^0_{vv}/\sigma^0_{vh}$对 l 的响应曲线，图 3.11（c1）~ 图 3.11（c5）给出了不同频率不同 θ 下 $\Delta\sigma^0_{vv}$对 l 的响应曲线。

通过对图 3.11 中各种响应曲线的分析，可得出以下几点结论：

（1）试验发现不同 θ 时，σ^0_{vv}与σ^0_{hh}、σ^0_{vh}、σ^0_{hv}之间，$\sigma^0_{vv}-\sigma^0_{vh}$与$\sigma^0_{vv}-\sigma^0_{hv}$、$\sigma^0_{hh}-\sigma^0_{hv}$、$\sigma^0_{hh}-\sigma^0_{vh}$，$\sigma^0_{vv}/\sigma^0_{vh}$与$\sigma^0_{vv}/\sigma^0_{hv}$、$\sigma^0_{hh}/\sigma^0_{hv}$、$\sigma^0_{hh}/\sigma^0_{vh}$之间对 l 的响应曲线非常相似，在不同频率下也发现类似的规律。

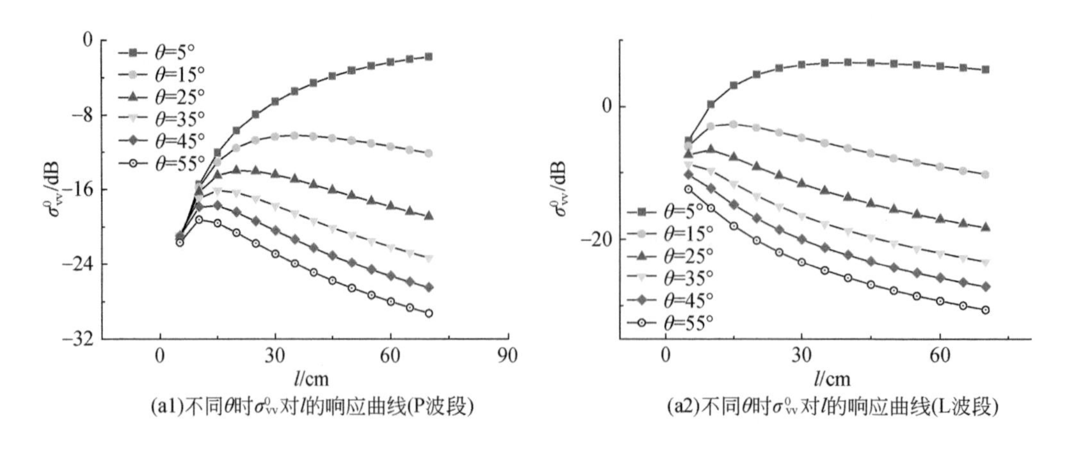

(a1)不同θ时σ^0_{vv}对l的响应曲线(P波段)　(a2)不同θ时σ^0_{vv}对l的响应曲线(L波段)

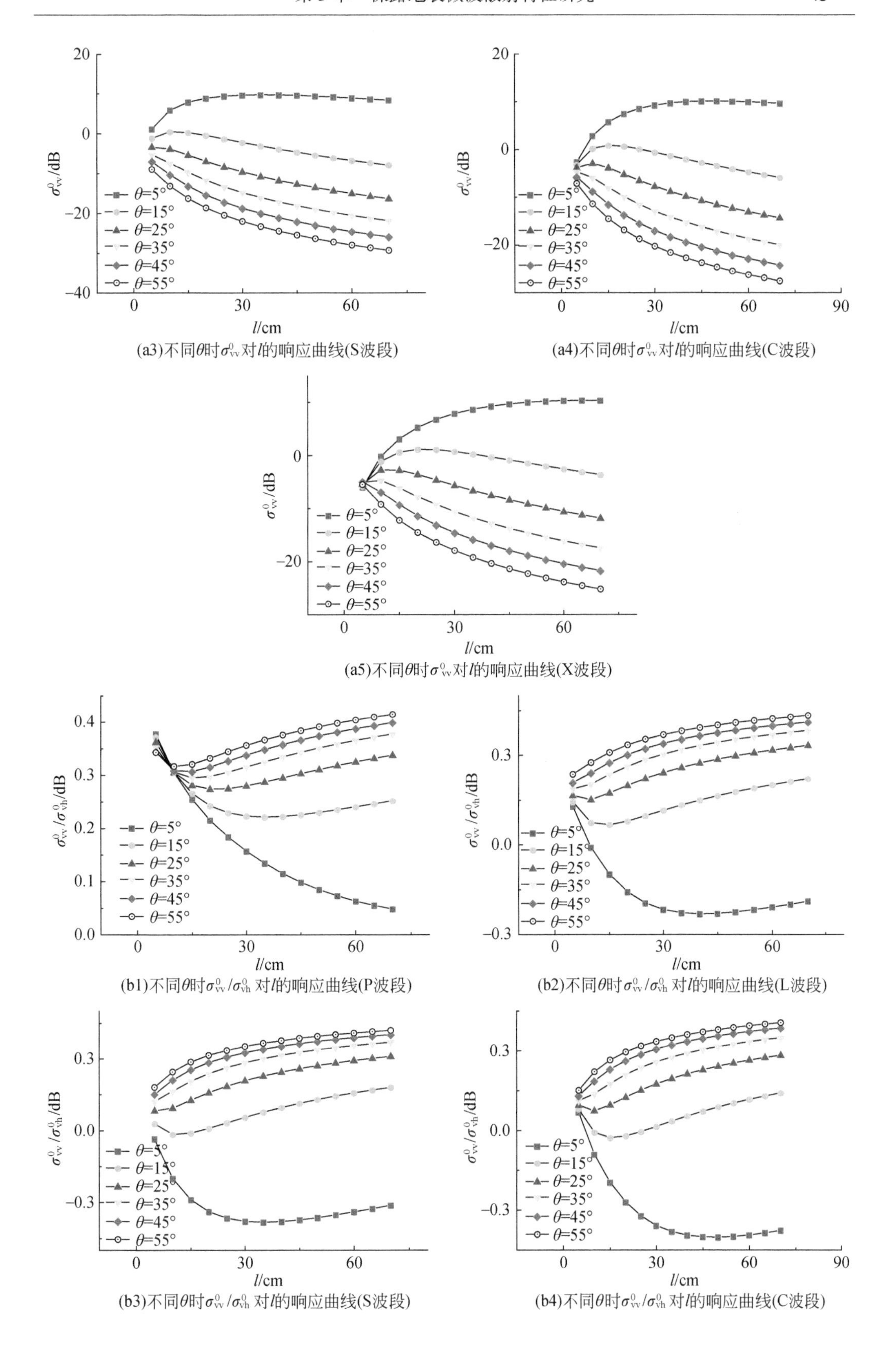

(a3)不同θ时σ^0_{vv}对l的响应曲线(S波段)

(a4)不同θ时σ^0_{vv}对l的响应曲线(C波段)

(a5)不同θ时σ^0_{vv}对l的响应曲线(X波段)

(b1)不同θ时$\sigma^0_{vv}/\sigma^0_{vh}$对$l$的响应曲线(P波段)

(b2)不同θ时$\sigma^0_{vv}/\sigma^0_{vh}$对$l$的响应曲线(L波段)

(b3)不同θ时$\sigma^0_{vv}/\sigma^0_{vh}$对$l$的响应曲线(S波段)

(b4)不同θ时$\sigma^0_{vv}/\sigma^0_{vh}$对$l$的响应曲线(C波段)

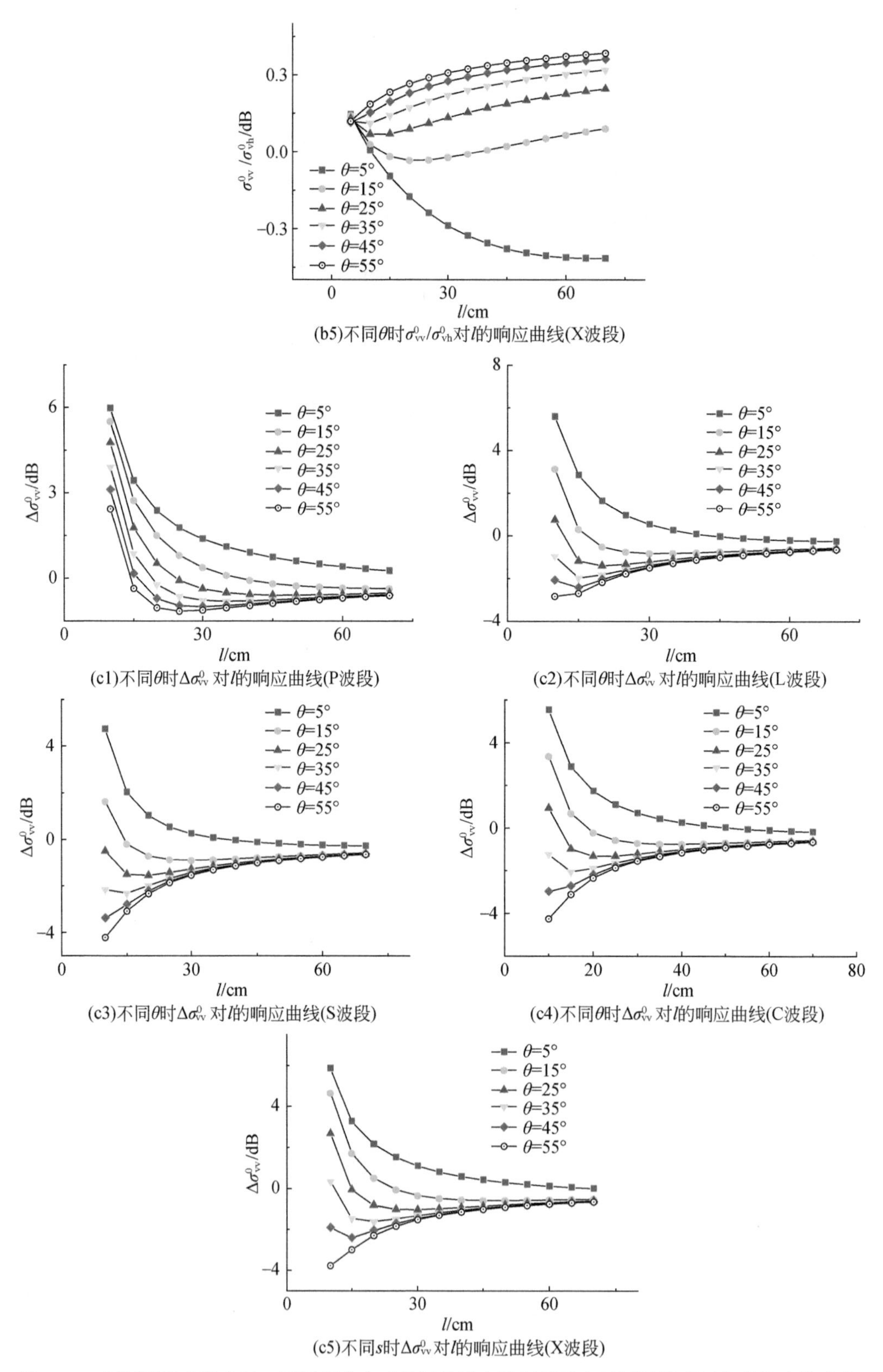

(b5)不同θ时$\sigma^0_{vv}/\sigma^0_{vh}$对$l$的响应曲线(X波段)

(c1)不同θ时$\Delta\sigma^0_{vv}$对l的响应曲线(P波段)

(c2)不同θ时$\Delta\sigma^0_{vv}$对l的响应曲线(L波段)

(c3)不同θ时$\Delta\sigma^0_{vv}$对l的响应曲线(S波段)

(c4)不同θ时$\Delta\sigma^0_{vv}$对l的响应曲线(C波段)

(c5)不同s时$\Delta\sigma^0_{vv}$对l的响应曲线(X波段)

图 3.11　不同雷达入射角时，不同组合方式的极化后向散射系数在不同波段下对相关长度的响应

（2）VV、HH、VH、HV极化方式下，L、S、C、X波段下，当θ大于35°时，极化后向散射系数都随l的增大而减小，当θ小于35°时，极化后向散射系数都随l的增大而先增大后减小，P波段下极化后向散射系数（$\theta \geqslant 15°$时）随l的增大而先增大后减小。l相同时，θ越大，后向散射系数越小。

（3）L、S、C、X波段下，当θ小于25°时，$\sigma^0_{vv}/\sigma^0_{vh}$、$\sigma^0_{vv}/\sigma^0_{hv}$、$\sigma^0_{hh}/\sigma^0_{hv}$和$\sigma^0_{hh}/\sigma^0_{vh}$极化后向散射系数比随$l$的增大而先减小后增大，当$\theta$大于25°时，$\sigma^0_{vv}/\sigma^0_{vh}$、$\sigma^0_{vv}/\sigma^0_{hv}$、$\sigma^0_{hh}/\sigma^0_{hv}$和$\sigma^0_{hh}/\sigma^0_{vh}$极化后向散射系数比基本上随$l$的增大而增大。$l$相同时，$\theta$越大，上述极化后向散射系数比越大。

（4）不同θ时，$\Delta\sigma^0_{vv}$对l的响应曲线因θ的不同变化规律也不同，当l逐渐增大时，σ^0_{vv}变化的速率越来越小，当l接近50cm时，σ^0_{vv}趋于饱和。

3. 不同土壤水分

根据表3.4，给出5个频率，$s=1.4$cm，$\theta=30°$，$l\in$（5cm，70cm），步长为5cm；M_v分别取5%、15%、25%、35%、45%和55%共6个不同值。选择表3.5中不同组合方式的极化后向散射系数，分析其对l的响应，图3.12（a1）~图3.12（a5）给出了不同频率不同M_v下σ^0_{vv}对l的响应曲线，图3.12（b1）~图3.12（b5）给出了不同频率不同M_v下$\sigma^0_{vv}/\sigma^0_{vh}$对$l$的响应曲线，图3.12（c1）~图3.12（c5）给出了不同频率不同M_v下$\Delta\sigma^0_{vv}$对l的响应曲线。

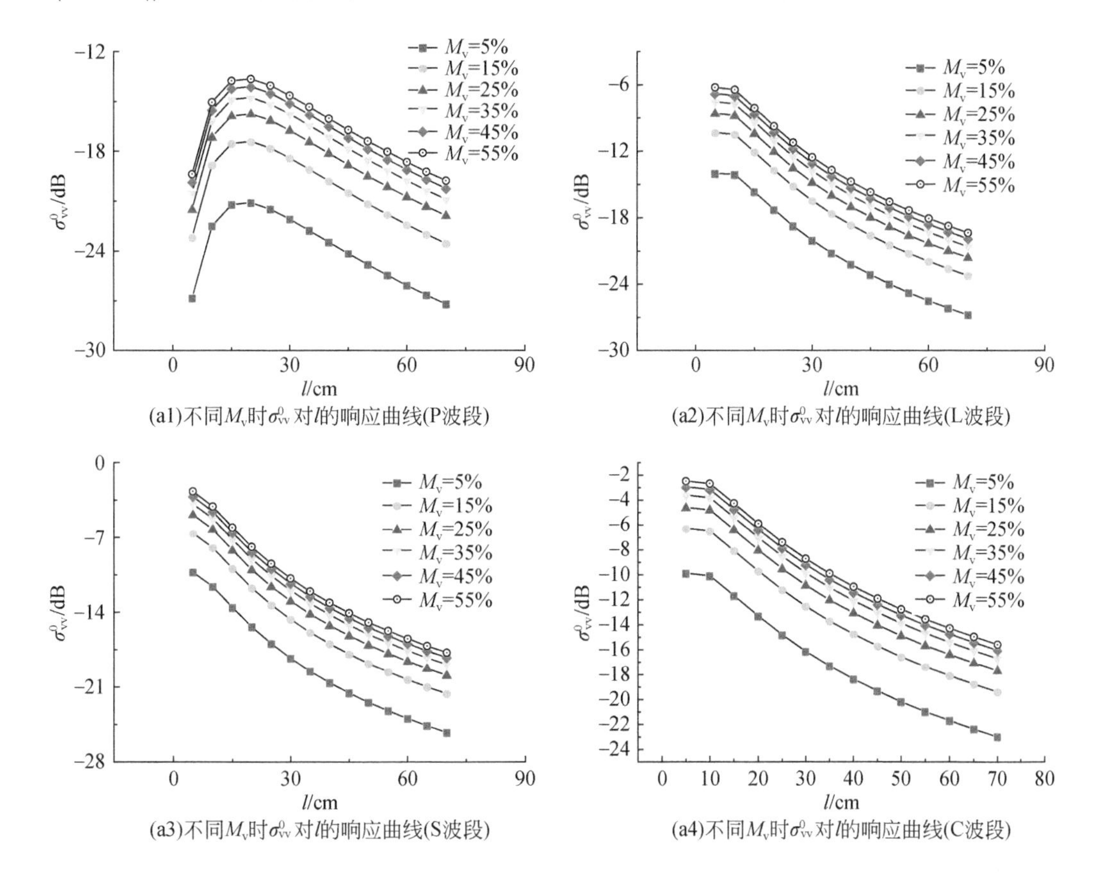

(a1)不同M_v时σ^0_{vv}对l的响应曲线(P波段)

(a2)不同M_v时σ^0_{vv}对l的响应曲线(L波段)

(a3)不同M_v时σ^0_{vv}对l的响应曲线(S波段)

(a4)不同M_v时σ^0_{vv}对l的响应曲线(C波段)

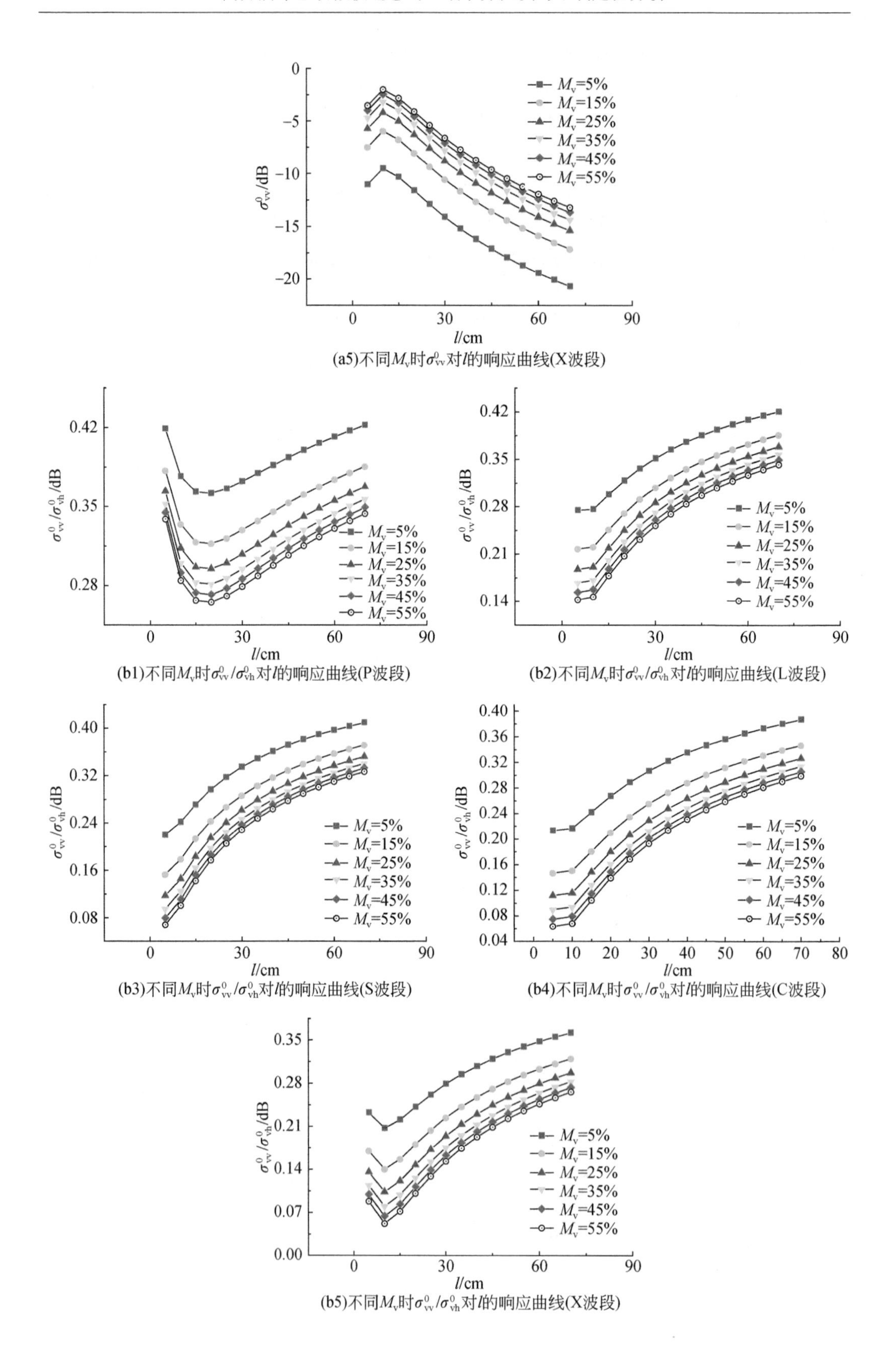

(a5)不同M_v时σ^0_{vv}对l的响应曲线(X波段)

(b1)不同M_v时$\sigma^0_{vv}/\sigma^0_{vh}$对$l$的响应曲线(P波段)

(b2)不同M_v时$\sigma^0_{vv}/\sigma^0_{vh}$对$l$的响应曲线(L波段)

(b3)不同M_v时$\sigma^0_{vv}/\sigma^0_{vh}$对$l$的响应曲线(S波段)

(b4)不同M_v时$\sigma^0_{vv}/\sigma^0_{vh}$对$l$的响应曲线(C波段)

(b5)不同M_v时$\sigma^0_{vv}/\sigma^0_{vh}$对$l$的响应曲线(X波段)

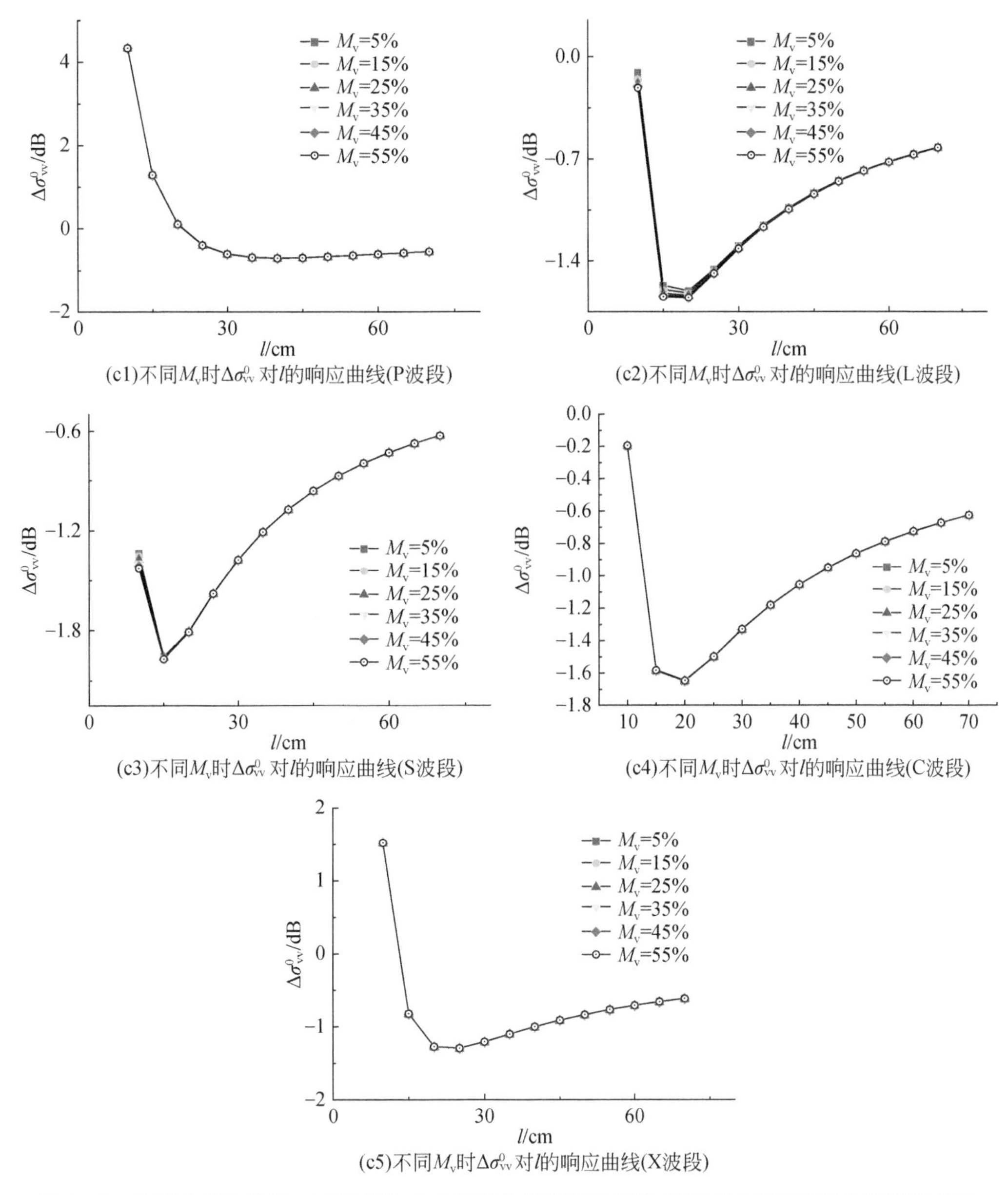

(c1)不同M_v时$\Delta\sigma^0_{vv}$对l的响应曲线(P波段)

(c2)不同M_v时$\Delta\sigma^0_{vv}$对l的响应曲线(L波段)

(c3)不同M_v时$\Delta\sigma^0_{vv}$对l的响应曲线(S波段)

(c4)不同M_v时$\Delta\sigma^0_{vv}$对l的响应曲线(C波段)

(c5)不同M_v时$\Delta\sigma^0_{vv}$对l的响应曲线(X波段)

图 3.12　不同土壤水分时，不同组合方式的极化后向散射系数在不同波段下对相关长度的响应

通过对图 3.12 中各种响应曲线的分析，可得出以下几点结论：

（1）试验发现不同 M_v 时，σ^0_{vv} 与 σ^0_{hh}、σ^0_{vh}、σ^0_{hv} 之间，$\sigma^0_{vv}-\sigma^0_{hh}$ 与 $\sigma^0_{vv}-\sigma^0_{vh}$、$\sigma^0_{vv}-\sigma^0_{hv}$、$\sigma^0_{hh}-\sigma^0_{hv}$、$\sigma^0_{hh}-\sigma^0_{vh}$，$\sigma^0_{vv}/\sigma^0_{vh}$ 与 $\sigma^0_{vv}/\sigma^0_{hv}$、$\sigma^0_{hh}/\sigma^0_{hv}$、$\sigma^0_{hh}/\sigma^0_{vh}$ 之间对 l 的响应曲线非常相似，在不同频率下也发现类似的规律。

（2）L、S、C 波段时，VV、HH、VH、HV 极化方式下，不同 M_v 时的极化后向散射系数响应曲线很相似，极化后向散射系数都随 l 的增大而减小。当 l 大于 10cm 时，随 l 的增大极化后向散射系数的减小趋近于线性。P、X 波段时，极化后向散射系数都随 l 的增大先增大后减小。l 相同时，M_v 越大，极化后向散射系数越大。

(3) L、S、C 波段时，$\sigma_{vv}^0/\sigma_{vh}^0$、$\sigma_{vv}^0/\sigma_{hv}^0$、$\sigma_{hh}^0/\sigma_{hv}^0$和$\sigma_{hh}^0/\sigma_{vh}^0$极化后向散射系数比随$l$的增大而增大。P、X 波段时，极化后向散射系数比随l的增大先减小后增大。l相同时，M_v越大，上述极化后向散射系数比越小。

(4) L、S、C 波段时，不同M_v时，$\Delta\sigma_{vv}^0$对l的响应曲线基本重合，当l从小到大接近 20cm 时，σ_{vv}^0减小的速率急剧增大，当l大于 20cm 时，随着l的增大，σ_{vv}^0减小的速率越来越小。P、X 波段时，当l大于 30cm 时，随着l的增大，σ_{vv}^0变化的速率越来越小。

3.3 后向散射系数对土壤水分的响应

土壤水分也是影响雷达后向散射系数的极为重要的参数，因此需要根据不同组合方式的不同波段极化后向散射系数在不同入射角时的响应曲线，分析极化后向散射系数与土壤水分之间的关系。

根据表 3.4，给出 5 个频率，$s=1.4$cm，$l=20$cm；$M_v\in$ (5%，60%)，步长为 5%；θ分别取 5°、15°、25°、35°、45°和 55°共 6 个不同值。选择表 3.5 中不同组合方式的极化后向散射系数，分析其对M_v的响应，图 3.13 (a1) ~ 图 3.13 (a5) 给出了不同频率不同θ下σ_{vv}^0对M_v的响应曲线，图 3.13 (b1) ~ 图 3.13 (b5) 给出了不同频率不同θ下$\sigma_{vv}^0/\sigma_{vh}^0$对$M_v$的响应曲线，图 3.13 (c1) ~ 图 3.13 (c5) 给出了不同频率不同θ下$\Delta\sigma_{vv}^0$对M_v的响应曲线。

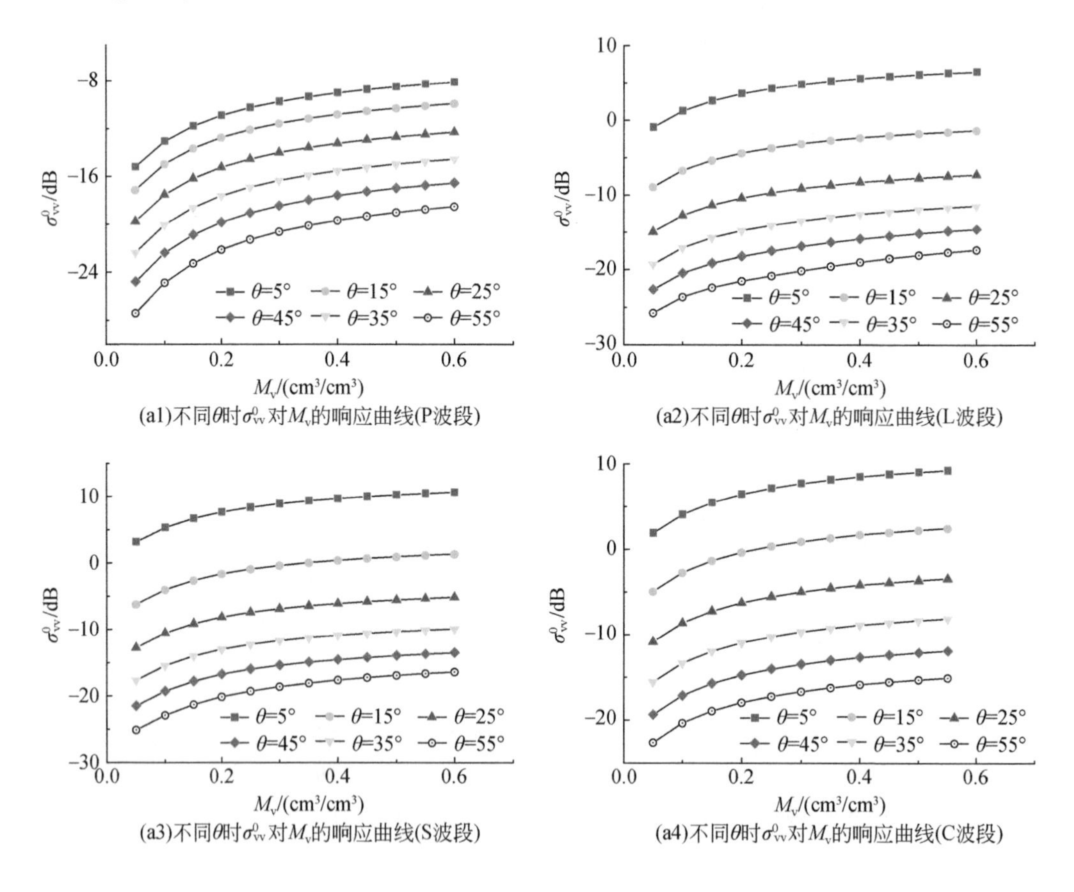

(a1)不同θ时σ_{vv}^0对M_v的响应曲线(P波段)

(a2)不同θ时σ_{vv}^0对M_v的响应曲线(L波段)

(a3)不同θ时σ_{vv}^0对M_v的响应曲线(S波段)

(a4)不同θ时σ_{vv}^0对M_v的响应曲线(C波段)

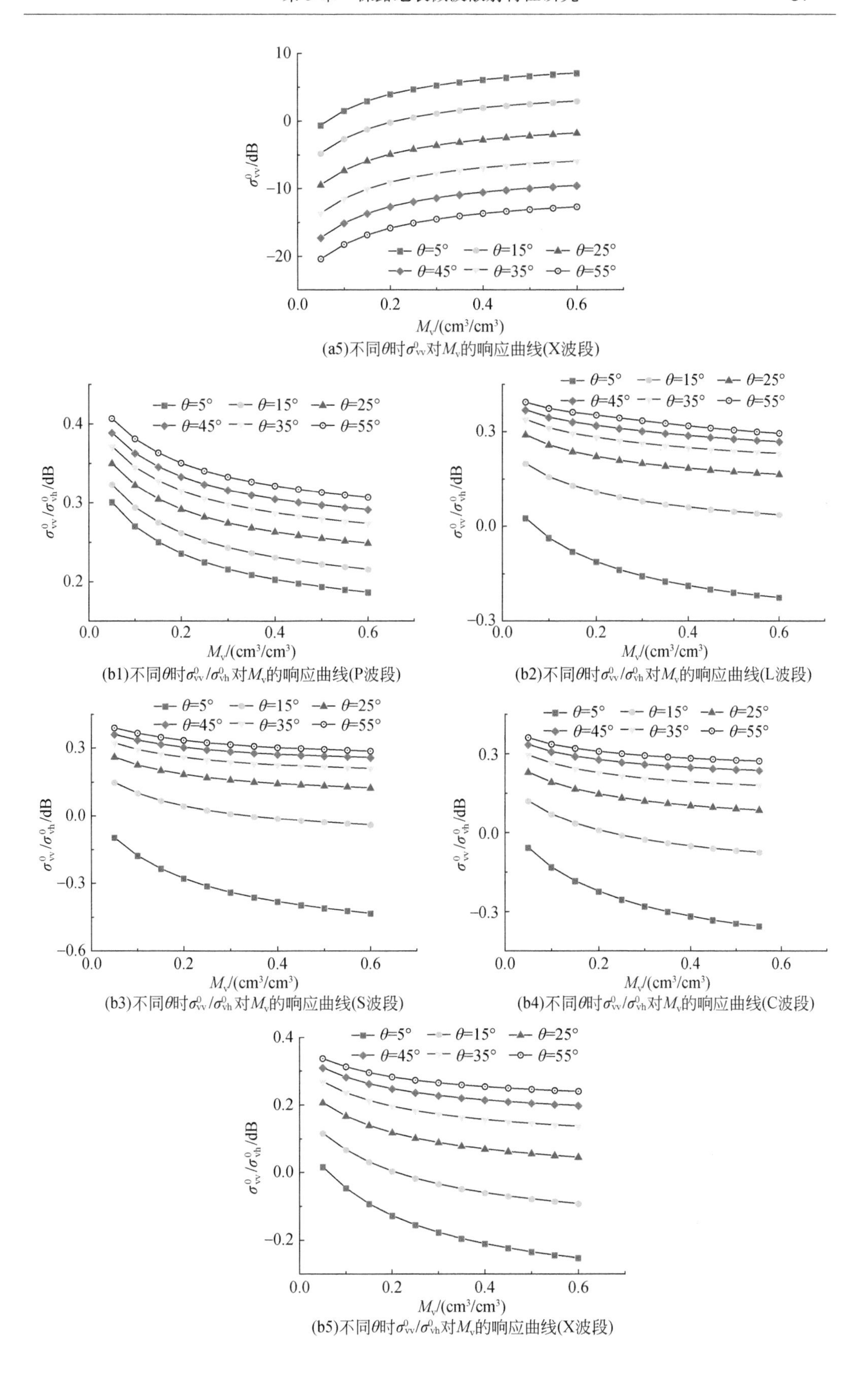

(a5)不同θ时σ^0_{vv}对M_v的响应曲线(X波段)

(b1)不同θ时$\sigma^0_{vv}/\sigma^0_{vh}$对$M_v$的响应曲线(P波段)

(b2)不同θ时$\sigma^0_{vv}/\sigma^0_{vh}$对$M_v$的响应曲线(L波段)

(b3)不同θ时$\sigma^0_{vv}/\sigma^0_{vh}$对$M_v$的响应曲线(S波段)

(b4)不同θ时$\sigma^0_{vv}/\sigma^0_{vh}$对$M_v$的响应曲线(C波段)

(b5)不同θ时$\sigma^0_{vv}/\sigma^0_{vh}$对$M_v$的响应曲线(X波段)

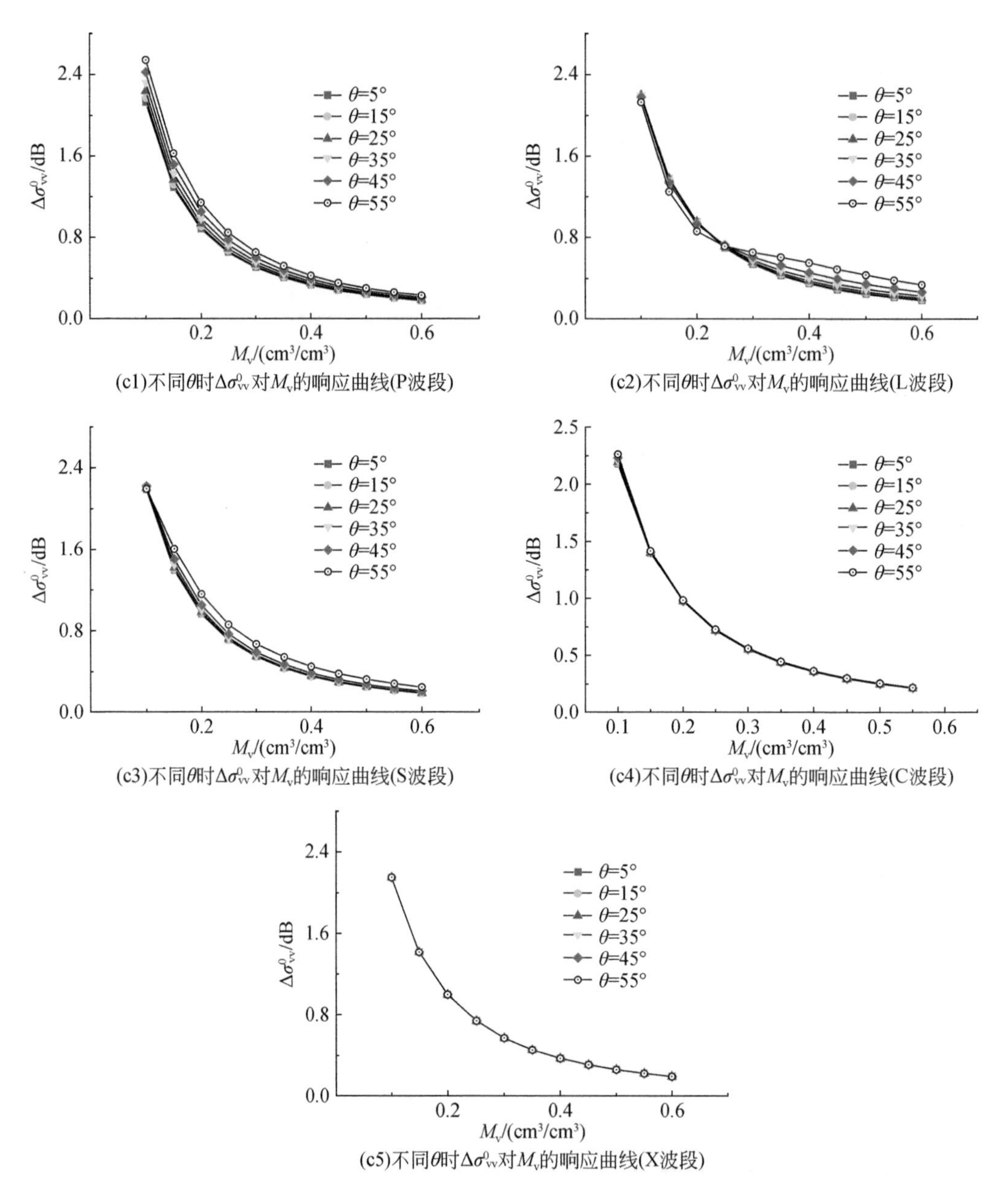

(c1)不同θ时$\Delta\sigma^0_{vv}$对M_v的响应曲线(P波段)

(c2)不同θ时$\Delta\sigma^0_{vv}$对M_v的响应曲线(L波段)

(c3)不同θ时$\Delta\sigma^0_{vv}$对M_v的响应曲线(S波段)

(c4)不同θ时$\Delta\sigma^0_{vv}$对M_v的响应曲线(C波段)

(c5)不同θ时$\Delta\sigma^0_{vv}$对M_v的响应曲线(X波段)

图 3.13　不同雷达入射角时，不同组合方式的极化后向散射系数在不同波段下对土壤水分的响应

通过对图 3.13 中各种响应曲线的分析，可得出以下几点结论：

（1）试验发现不同波段不同 θ 时，σ^0_{vv} 与 σ^0_{hh}、σ^0_{vh}、σ^0_{hv} 之间存在良好的对数关系，即

$$\sigma^0_{vv} = a\ln M_v + b \tag{3.1}$$

式中，σ^0_{vv}为 VV 极化后向散射系数；a、b 为方程的经验系数。极化后向散射系数都随M_v的增大而增大，M_v接近 60% 时，极化后向散射系数趋于饱和。M_v相同时，θ 越大，极化后向散射系数越小。

（2）不同波段不同 θ 时，$\sigma^0_{vv}-\sigma^0_{vh}$ 与 $\sigma^0_{vv}-\sigma^0_{hv}$、$\sigma^0_{hh}-\sigma^0_{hv}$、$\sigma^0_{hh}-\sigma^0_{vh}$，$\sigma^0_{vv}/\sigma^0_{vh}$ 与 $\sigma^0_{vv}/\sigma^0_{hv}$、$\sigma^0_{hh}/\sigma^0_{hv}$、$\sigma^0_{hh}/\sigma^0_{vh}$ 之间对 M_v 的响应曲线相似。

（3）不同波段下，$\sigma^0_{vv}/\sigma^0_{vh}$、$\sigma^0_{vv}/\sigma^0_{hv}$、$\sigma^0_{hh}/\sigma^0_{hv}$ 和 $\sigma^0_{hh}/\sigma^0_{vh}$ 极化后向散射系数比随 M_v 的增大而减小。M_v 相同时，θ 越大，上述极化后向散射系数比越大。

（4）不同波段不同 θ 时，$\Delta\sigma^0_{vv}$ 对 M_v 的响应曲线基本重合，当 M_v 逐渐增大时，σ^0_{vv} 增大的速率越来越小，当 M_v 接近 60% 时，σ^0_{vv} 趋于饱和。

3.4　后向散射系数对雷达入射角的响应

随机粗糙面散射的微波信号强度随 θ 的增大而减小，θ 也深刻影响极化后向散射系数。根据不同组合方式的不同波段极化后向散射系数在不同土壤水分时的响应曲线，分析极化后向散射系数与 θ 之间的关系。根据表 3.4，给出 5 个频率，$s=1.4\text{cm}$，$l=20\text{cm}$，$\theta\in$（5°，55°），步长为 5°；M_v 分别取 5%、15%、25%、35%、45% 和 55% 共 6 个不同值。选择表 3.5 中不同组合方式的极化后向散射系数，分析其对 θ 的响应，图 3.14（a1）~图 3.14（a5）给出了不同频率不同 M_v 下 σ^0_{vv} 对 θ 的响应曲线，图 3.14（b1）~图 3.14（b5）给出了不同频率不同 M_v 下 $\sigma^0_{vv}-\sigma^0_{vh}$ 对 θ 的响应曲线，图 3.14（c1）~图 3.14（c5）给出了不同频率不同 M_v 下 $\sigma^0_{vv}/\sigma^0_{vh}$ 对 θ 的响应曲线，图 3.14（d1）~图 3.14（d5）给出了不同频率不同 M_v 下 $\Delta\sigma^0_{vv}$ 对 θ 的响应曲线。

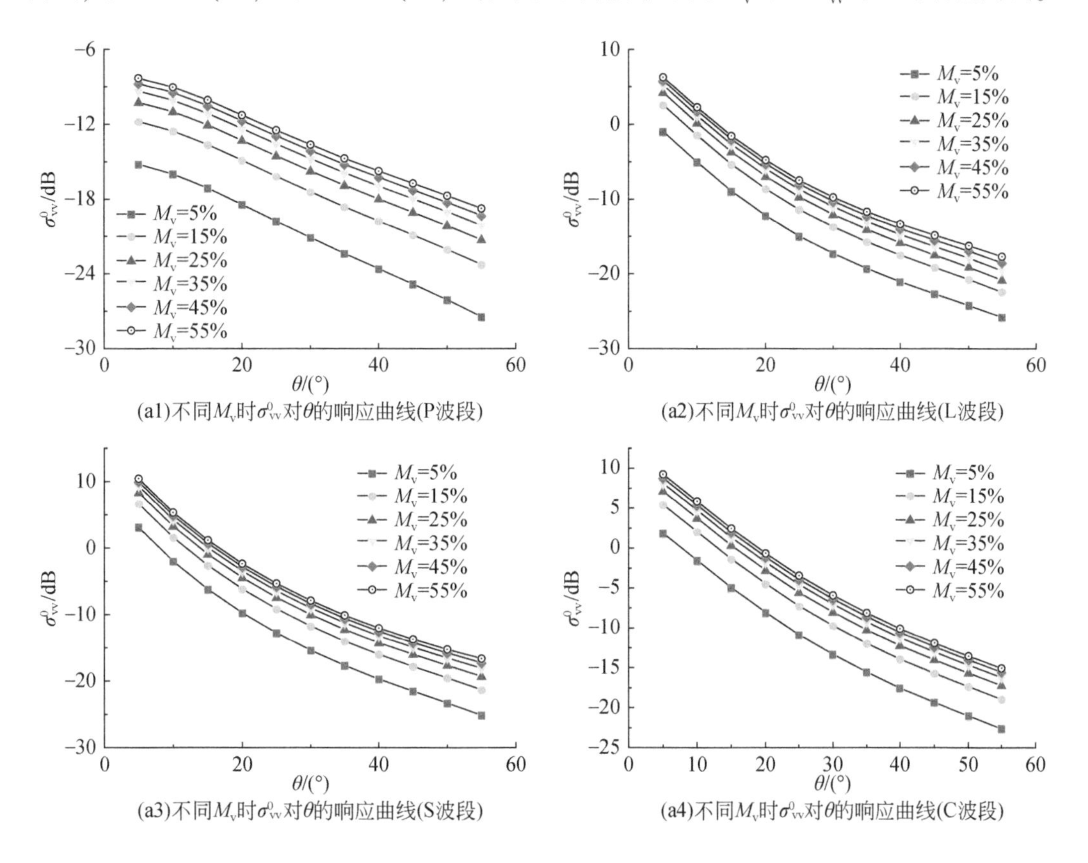

(a1)不同M_v时σ^0_{vv}对θ的响应曲线(P波段)　(a2)不同M_v时σ^0_{vv}对θ的响应曲线(L波段)

(a3)不同M_v时σ^0_{vv}对θ的响应曲线(S波段)　(a4)不同M_v时σ^0_{vv}对θ的响应曲线(C波段)

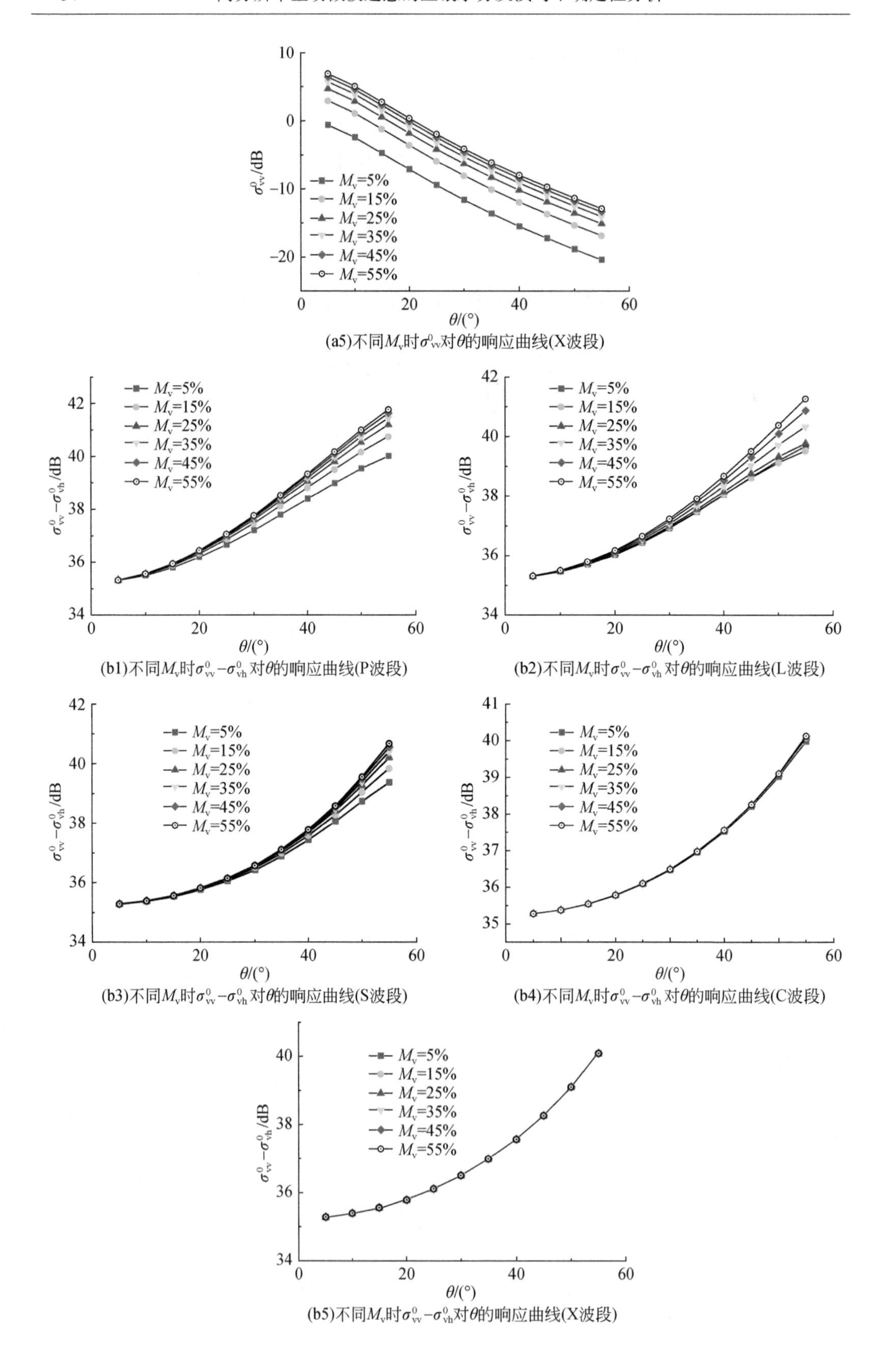

(a5)不同M_v时σ^0_{vv}对θ的响应曲线(X波段)

(b1)不同M_v时$\sigma^0_{vv}-\sigma^0_{vh}$对$\theta$的响应曲线(P波段)

(b2)不同M_v时$\sigma^0_{vv}-\sigma^0_{vh}$对$\theta$的响应曲线(L波段)

(b3)不同M_v时$\sigma^0_{vv}-\sigma^0_{vh}$对$\theta$的响应曲线(S波段)

(b4)不同M_v时$\sigma^0_{vv}-\sigma^0_{vh}$对$\theta$的响应曲线(C波段)

(b5)不同M_v时$\sigma^0_{vv}-\sigma^0_{vh}$对$\theta$的响应曲线(X波段)

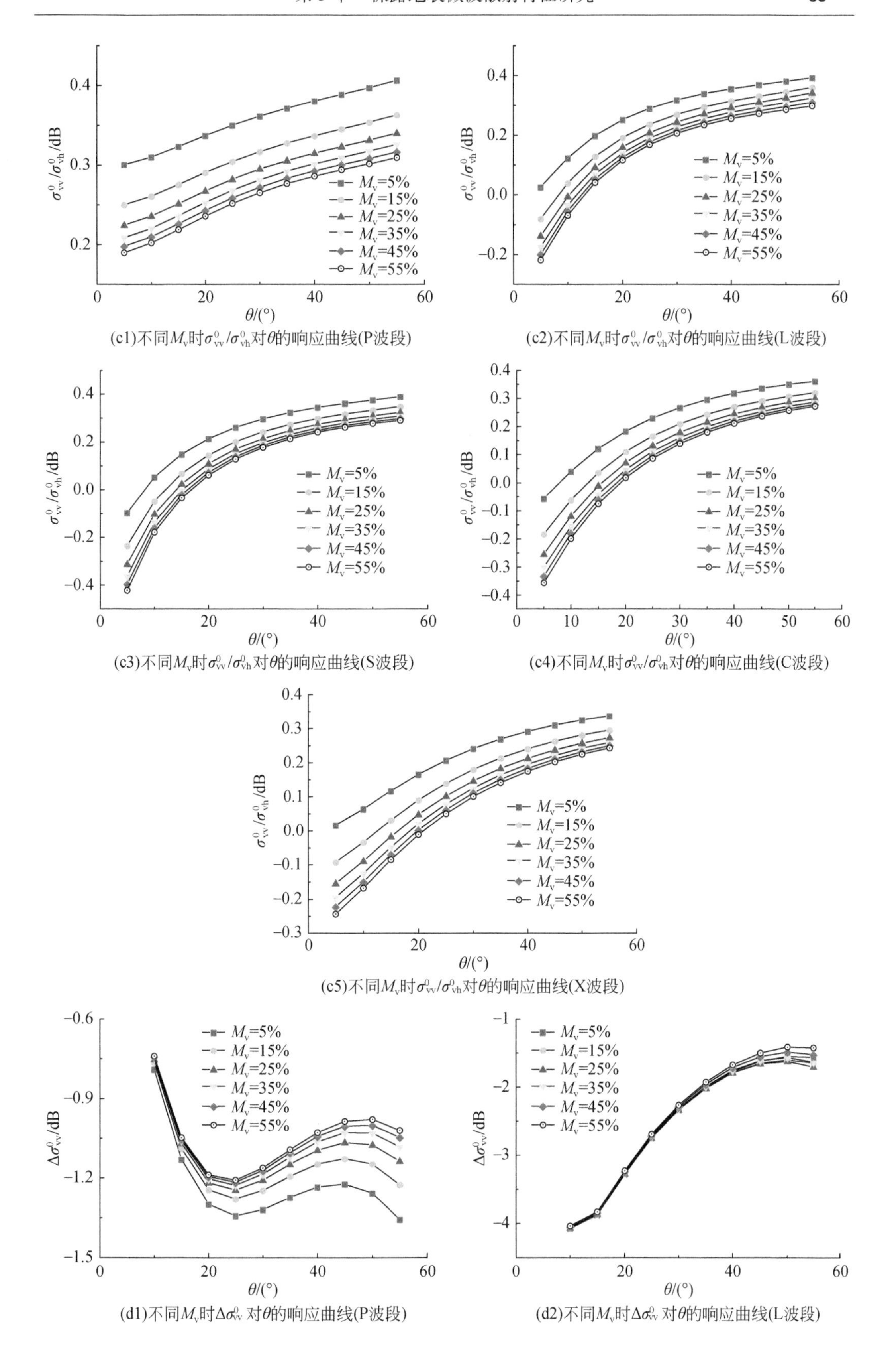

(c1)不同M_v时$\sigma^0_{vv}/\sigma^0_{vh}$对$\theta$的响应曲线(P波段)

(c2)不同M_v时$\sigma^0_{vv}/\sigma^0_{vh}$对$\theta$的响应曲线(L波段)

(c3)不同M_v时$\sigma^0_{vv}/\sigma^0_{vh}$对$\theta$的响应曲线(S波段)

(c4)不同M_v时$\sigma^0_{vv}/\sigma^0_{vh}$对$\theta$的响应曲线(C波段)

(c5)不同M_v时$\sigma^0_{vv}/\sigma^0_{vh}$对$\theta$的响应曲线(X波段)

(d1)不同M_v时$\Delta\sigma^0_{vv}$对θ的响应曲线(P波段)

(d2)不同M_v时$\Delta\sigma^0_{vv}$对θ的响应曲线(L波段)

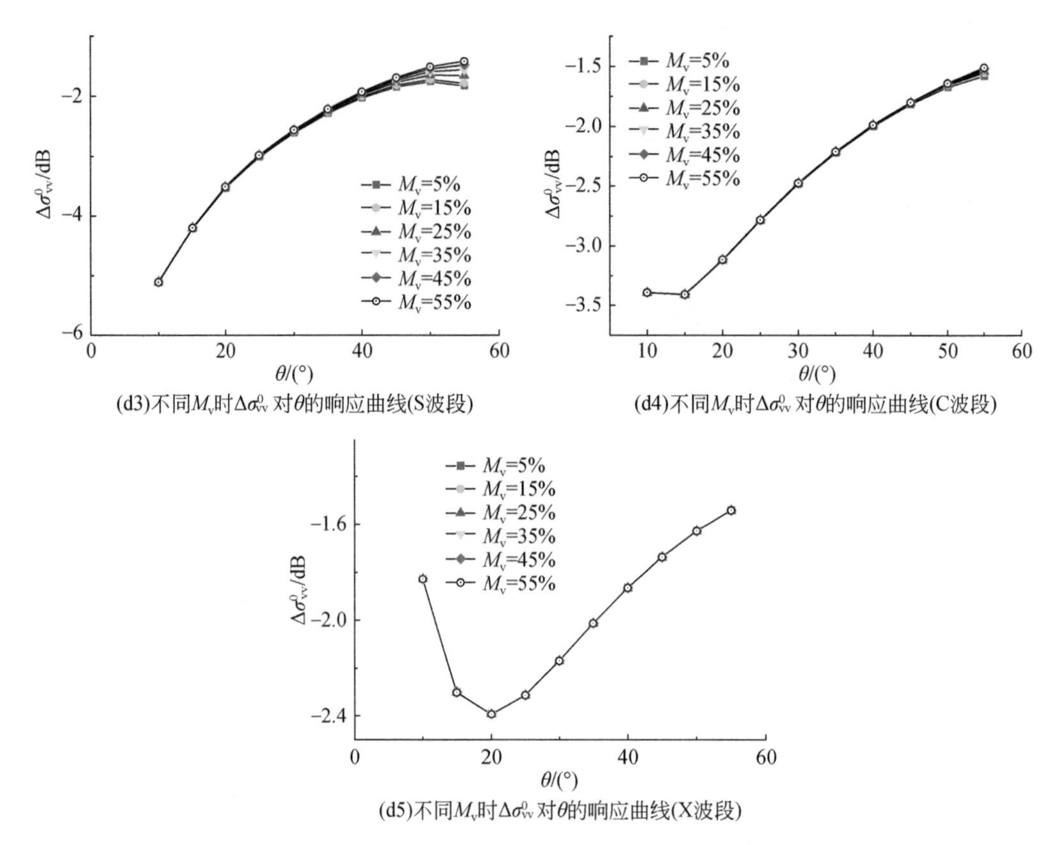

(d3)不同M_v时$\Delta\sigma^0_{vv}$对θ的响应曲线(S波段)

(d4)不同M_v时$\Delta\sigma^0_{vv}$对θ的响应曲线(C波段)

(d5)不同M_v时$\Delta\sigma^0_{vv}$对θ的响应曲线(X波段)

图 3. 14　不同土壤水分时，不同组合方式的极化后向散射系数对入射角的响应

通过对图 3. 14 中各种响应曲线的分析，可得出以下几点结论：

（1）试验发现不同波段不同 M_v 时，σ^0_{vv} 与 σ^0_{hh}、σ^0_{vh}、σ^0_{hv} 之间，$\sigma^0_{vv}-\sigma^0_{vh}$ 与 $\sigma^0_{vv}-\sigma^0_{hv}$、$\sigma^0_{hh}-\sigma^0_{hv}$、$\sigma^0_{hh}-\sigma^0_{vh}$，$\sigma^0_{vv}/\sigma^0_{vh}$ 与 $\sigma^0_{vv}/\sigma^0_{hv}$、$\sigma^0_{hh}/\sigma^0_{hv}$、$\sigma^0_{hh}/\sigma^0_{vh}$ 之间对 θ 的响应曲线非常相似。

（2）VV、HH、VH、HV 极化方式下，不同波段下，不同 M_v 时的响应曲线很相似，极化后向散射系数都随 θ 的增大而减小。M_v 相同时，θ 越大，极化后向散射系数越大。

（3）不同波段下，不同 M_v 时，$\sigma^0_{vv}-\sigma^0_{vh}$、$\sigma^0_{vv}-\sigma^0_{hv}$、$\sigma^0_{hh}-\sigma^0_{hv}$ 与 $\sigma^0_{hh}-\sigma^0_{vh}$ 极化后向散射系数差对 θ 的响应曲线基本重合，上述极化后向散射系数差随着 θ 的增大而迅速增大。

（4）不同波段下，不同 M_v 时，$\sigma^0_{vv}/\sigma^0_{vh}$、$\sigma^0_{vv}/\sigma^0_{hv}$、$\sigma^0_{hh}/\sigma^0_{hv}$ 和 $\sigma^0_{hh}/\sigma^0_{vh}$ 极化后向散射系数比对 θ 的响应曲线也很相似，都是随 θ 的增大而增大。当趋近 60°时，上述极化后向散射系数比趋于饱和。θ 相同时，M_v 越大，上述极化后向散射系数比越小。

（5）L、S、C、X 波段下，不同 M_v 时，$\Delta\sigma^0_{vv}$ 对 θ 的响应曲线基本重合，当 θ 逐渐增大时，σ^0_{vv} 减小的速率越来越小。

3. 5　极化后向散射系数对地表土壤温度的响应

地表土壤温度会影响到土壤水分的蒸散发，所以需要分析地表土壤温度对极化后向散射系数的影响。根据不同组合方式的不同波段极化后向散射系数在不同土壤温度时的响应曲线，分析极化后向散射系数与地表土壤温度之间的关系。限定 $s=1.4\text{cm}$，$l=20\text{cm}$，M_v 取 30%；地表土壤温度 st 分别取 -15℃、-5℃、5℃、15℃、25℃、35℃、45℃和 55℃共 8 个不同值。选择表 3.5 中不同组合方式的极化后向散射系数，分析其对 st 的响应，图 3.15 给出了不同频率下 σ^0_{vv} 对 st 的响应曲线。

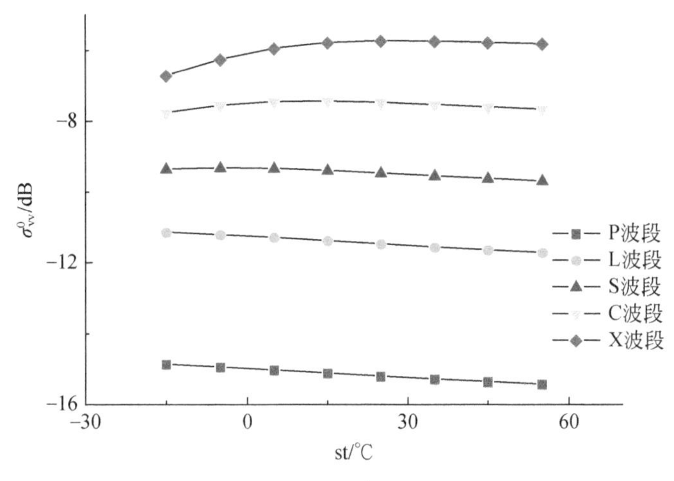

图 3.15　不同频率下 σ^0_{vv} 对 st 的响应曲线

通过对图 3.15 中响应曲线的分析可以看出随着 st 的变化，不同频率时极化后向散射系数 σ^0_{vv} 的变化幅度很小，经过统计，P、L、S、C、X 频率下 st ∈（-15℃，55℃）时，极化后向散射系数的变化幅度分别在±0.57dB、±0.58dB、±0.37dB、±0.33dB 和±0.99dB之内，尤其是在 S 和 C 波段时，st 对极化后向散射系数的影响很小，所以在土壤水分反演过程中，选取 S 和 C 波段的 SAR 影像进行反演可忽略土壤温度的影响。本书后面章节中所选取的 SAR 影像均为 C 波段，所以本书不考虑 st 的影响。

另外，根据寒区旱区科学数据中心提供的“黑河流域 HWSD 土壤质地数据集”，本书选取的各个样区中，由于样区范围很小，临泽 5 个样区的土壤质地是相同的，阿柔 3 个样区的土壤质地也一致，俄堡样地及扁都口样地各采样点的土壤质地也都相同，所以在后面章节的土壤水分反演过程中没有考虑土壤质地对极化后向散射系数的影响，研究重点为地表粗糙度参数引起的不确定性。

3.6　后向散射特征分析小结

本节利用 AIEM 和 Oh 模型来模拟不同的极化后向散射系数。研究当粗糙度、土壤水分、雷达入射角取一系列不同值时，不同极化组合方式下的不同波段雷达极化后向散射系数随这些参数取值的变化对均方根高度、相关长度、土壤水分和入射角等重要参数的响应。经过分析，可以得到以下结论。

（1）极化后向散射系数对 s 的响应受 l 的影响，使得极化后向散射系数的变化难以统计，极化后向散射系数差对 s 的响应曲线近似重合，不受 l 的影响；不同 M_v 时，极化后向散射系数差与 s 之间的关系也不受 M_v 的影响。极化后向散射系数差虽然对 s 的响应曲线趋同，但是不如极化后向散射系数差，因此，在反演中可以分析极化后向散射系数差与 s 的相关关系，直接求得 s。

（2）粗糙度参数 s 和 l 之间的关系较为复杂，当地表较为粗糙，即 l 大于 5cm 时，极化后向散射系数与 s 之间的关系较为简单，随 s 的增大，极化后向散射系数和极化后向散射系数比都呈单调递增趋势，但不是一直递增，当 s 达到 2～3cm 时，极化后向散射系数趋于饱和；但是当 l 小于 5cm 时，极化后向散射系数的变化较为复杂。

（3）同样地，当 s 小于 1.2cm 时，极化后向散射系数和极化后向散射系数比都随 l 的增大而单调递减，当 l 接近 50cm 时，极化后向散射系数趋于饱和；当 s 大于 1.2cm 时，极化后向散射系数的变化较为复杂。

（4）θ 也有类似的特点，θ 大于 25°时，极化后向散射系数和极化后向散射系数比随 s 的增大而单调变化，θ 小于 25°时，极化后向散射系数的变化较为复杂。

（5）极化后向散射系数都随 M_v 的增大而增大，M_v 接近 60% 时，极化后向散射系数趋于饱和。

（6）在土壤水分反演的实际应用中，选择数据时应注意选取 θ 大于 25°的双极化或多极化数据。

（7）在 S 和 C 波段下，地表土壤温度对极化后向散射系数的影响非常小，可以忽略。

在不同频率下，不同极化组合方式下的雷达极化后向散射系数与 s、l 有如下关系。

（1）不同 l 时，极化后向散射系数差有相似的变化趋势，对 s 的响应曲线近似重合，而且频率越大重合得越好，极化后向散射系数差都是随 s 的增大而减小。

（2）不同 l 时，当频率大于 S 波段的频率时，$\sigma_{vv}^0/\sigma_{hh}^0$ 都是随 s 的增大而增大。其中，在 P 波段、C 波段和 X 波段，$\sigma_{vv}^0/\sigma_{hh}^0$ 对 s 的响应曲线具有很好的统计意义。

（3）$\sigma_{vv}^0/\sigma_{vh}^0$、$\sigma_{vv}^0/\sigma_{hv}^0$、$\sigma_{hh}^0/\sigma_{hv}^0$ 和 $\sigma_{hh}^0/\sigma_{vh}^0$ 极化后向散射系数比在不同频率下有类似的变化趋势，P 波段下极化后向散射系数比随 l 的增大而先减小后增大，在 L 波段下极化后向散射系数比呈单调递增趋势，随着频率及 l 的增大，s 较大时的极化后向散射系数的变化由单调递减变为先增大后减小。l 相同时，s 越大，上述极化后向散射系数比越小。

（4）VV、HH、VH、HV 极化方式下，随着频率的增大，极化后向散射系数都随 l 的增大而减小，l 相同时，s 越大，极化后向散射系数越大。P 波段，极化后向散射系数与粗糙度参数的关系较为简单，极化后向散射系数都随 l 的增大而先增大后减小。L 波段下极化后向散射系数都随 l 的增大而减小。随着频率的增大，二者之间相互作用复杂，随着 l 的增大，s 较大时的极化后向散射系数的变化由单调递减变为先增大后减小。

（5）不同频率和 s 时，$\Delta\sigma_{vv}^0$ 对 l 的响应曲线因 s 的不同变化规律也不同，P 波段下，随着 l 逐渐增大，极化后向散射系数缓慢增大。随着频率增大，极化后向散射系数的变化强度极大地依赖于 s。在所有频率下，当 l 接近 50cm 时，σ_{vv}^0 趋于饱和。

第4章　基于组合粗糙度和地表差异性的土壤水分反演方法

本书第3章分析了均方根高度、相关长度、土壤水分、雷达入射角等重要参数对不同极化组合方式的极化后向散射系数的影响，响应曲线的分析结果表明地表粗糙度、土壤水分、雷达入射角是影响极化后向散射系数的主要参数。在现有的土壤水分反演算法中，地表粗糙度参数是目前常用的经验或者理论散射模型中不可缺少的输入参数，因此，地表粗糙度带来的不确定性是影响反演结果精度的主要因素。目前对地表粗糙度不确定性的去除主要包括以下几种方法：化简、合并粗糙度参数、反演运算中消除粗糙度参数和使用有效粗糙度参数等。为了有效消除地表粗糙度的不确定性，本章将构建组合粗糙度参数，考虑到地表差异性的不确定性，基于区域特征相似度建立土壤水分反演模型。为了验证算法的可靠性，选取高分辨率SAR数据和地表同步实测数据对本书提出的算法进行验证。

4.1　粗糙度参数的不确定性问题与已有的解决方法

对裸土地区而言，给定雷达影像进行土壤水分反演时，雷达入射角和频率已知，没有植被覆盖的影响，土壤水分反演结果不确定性的主要来源之一就是地表粗糙度[23]。地表粗糙度带来不确定性的主要因素有两个。首先，在野外同步观测时，由于受物理测量技术的限制，粗糙度参数的物理实测值存在较大测量误差，极大地影响了土壤水分反演精度[24]，如何避免粗糙度参数物理实测值误差的影响是目前土壤水分反演算法中需要改进的问题。其次，粗糙度参数物理实测值都是基于微观尺度进行测量，而雷达后向散射系数是基于像元尺度的[25]，尺度不匹配引起反演结果的不确定性，需要建立后向散射系数与粗糙度参数之间像元尺度的对应关系。

从现有已知的野外实测粗糙度的技术手段来看，地表均方根高度 s 和相关长度 l 的测量都是基于微观尺度的测量[118]。测量技术分为接触测量技术和非接触测量技术两种[137]，而接触测量技术又以针式廓线测量和板式廓线测量最为常见。s 和 l 都依赖于观测尺度，由于测量设备的廓线长度有限，采样间距的取值会受到限制，实测得到的粗糙度精度受到很大影响[137]。研究显示，在利用接触测量技术对粗糙度进行采样时，l 的测量误差远远大于 s 的误差。虽然激光廓线测量精度较高，但设备沉重，不便于携带以用于野外作业，设备的观测范围也有限，所以在目前的野外粗糙度测量中还是以针式廓线测量为主。研究发现，AIEM模拟的后向散射系数与雷达实际后向散射系数之间的误差，主要就是由 l 的不准确造成的[118]。目前有地基微波散射计配套准确的粗糙度测量手段，控制观测尺度，寻求物理粗糙度测量的最佳尺度，基于不同水分状况、不同植被类型的粗糙度-后向散射的关系来估计物理粗糙度，但是这种粗糙度测量手段在实际应用中较为复杂，并未得到广泛的应用。

目前解决地表粗糙度带来的不确定性问题的方法主要有下面几种。

4.1.1 组合粗糙度

地表粗糙度通常用均方根高度（s）和相关长度（l）这两个参数表示。在实际应用中，可以通过减少土壤水分反演过程中的粗糙度参数来降低不确定性，通常使用组合粗糙度的形式来表示粗糙度，如 Zribi 等[138]在土壤水分的反演研究中使用 $Z_s=s^2/l$ 的形式来表示组合粗糙度，成了土壤水分反演研究中应用广泛的参数形式。

任鑫[136]也使用 $Z_s=s^2/l$ 形式提出了 7 种具体的土壤水分反演方案。余凡[139]和陈晶[140]提出了新的组合粗糙度 $Z_s=s^3/l^2$，适用于在地表粗糙度较小和入射角小于 25°的情况下反演土壤水分。余凡等[141]还提出了一种适用于双极化微波数据的组合粗糙度 $Z_s=\sqrt{s^2/l}$。孔金玲等[142]为提高 Z_s 的适用性，基于野外大量实测数据限定了 s 和 l 的范围，使用 $Z_s=s^3/l$ 的形式来表示地表组合粗糙度。甄珮珮[23]使用了基于 $Z_s=s^2/l$ 和 $Z_s=s^3/l$ 两种形式的组合粗糙度的 AIEM 进行精度评定。蒋金豹等[143]在 L 波段的裸土区土壤水分微波反演中使用了 $Z_s=\sqrt{2}s/l$ 的形式。通过相关文献统计，关于组合粗糙度 Z_s 较为常用的形式主要有三种：$Z_s=s^3/l^2$、$Z_s=s^3/l$、$Z_s=s^2/l$。

4.1.2 粗糙度定标

Baghdadi 等[144]认为自相关函数的类型与 l 的测量大小是造成 AIEM 与卫星雷达数据之间的误差的主要原因，为避免使用土壤粗糙度原始测量值，Baghdadi 等[144]提出了粗糙度参数定标。粗糙度参数定标的方法就是以校准参数——优化相关长度（L_{opt}）代替相关长度的测量，使 AIEM 的模拟值与雷达影像的后向散射系数值一致，基于对模型的经验校正提出了粗糙度定标的方法：

$$L_{opt\_vv}(s,\theta)=3.289(\sin\theta)^{-1.744}s^{(1.222-0.0025\theta)} \tag{4.1}$$

$$L_{opt\_HH}(s,\theta)=4.026(\sin\theta)^{-1.744}s^{(1.551-0.0025\theta)} \tag{4.2}$$

4.1.3 有效粗糙度

Baghdadi 计算定标后 l 的方法需要实测的 s 参与运算，粗糙度参数定标结果会引入测量误差；Lievens 等[145]提出了有效粗糙度方法，该方法可以避免粗糙度的测量误差。

使用查找表法（look-up tables，LUT）来反演有效粗糙度简单高效[23]。目前 LUT 法在多参数反演领域被广泛使用，LUT 法的核心思想是建立一个简单高效的查找表。步骤如下：首先利用 AIEM 获取不同粗糙度和土壤水分下的 VV 极化后向散射系数集合，利用 Oh 模型获取不同粗糙度和土壤水分下的 VH 极化后向散射系数集合，给 s 设置一个合适的固定值，如 $s=1.4$cm，限定相关长度的取值范围，如 $l\in$（1cm,

120cm)，步长为1cm，给出土壤水分可能的分布区间，如 $M_v \in$ (1%，60%)，步长为1%，将模拟得到的后向散射数据储存于表格中，为LUT表。然后利用成本函数在LUT表中查找符合条件的后向散射系数对应的记录中有效粗糙度参数S和L的值。成本函数如下：

$$\sigma^0_{\min} = \min\sqrt{(\sigma^0_{vv,M} - \sigma^0_{vv,AIEM})^2 + (\sigma^0_{vh,M} - \sigma^0_{vh,Oh})^2} \tag{4.3}$$

式中，$\sigma^0_{vv,M}$为SAR影像中获取的同极化后向散射系数；$\sigma^0_{vv,AIEM}$为AIEM模拟的同极化后向散射系数；$\sigma^0_{vh,M}$为SAR影像中获取的交叉极化后向散射系数；$\sigma^0_{vh,Oh}$为Oh模型模拟的交叉极化后向散射系数。

4.1.4　基于Dubois模型消除粗糙度参数

2.3.5小节给出了Dubois模型的公式，由式（2.63）和式（2.64）可以看出，公式不涉及 l，使用两个同极化的后向散射系数代入式（2.63）和式（2.64）中联立求解，便可得到 s，从而消去 l。

4.2　基于组合粗糙度的土壤水分反演方法

为提高土壤水分反演精度，下面从地表粗糙度和地表差异性两个方面来考虑建立土壤水分反演模型。

本节采用的土壤水分反演模型主要从建立合适的组合粗糙度形式来进行研究和改进；然后需要考虑地表差异性对土壤水分经验方程的适用性影响，模型利用多元影像分割和区域相似度进行改进。总技术流程如图4.1所示。

根据技术流程图，构建基于AIEM/Oh模型的土壤水分反演经验模型主要从3个部分来完成，首先是组建普适性更好的组合粗糙度，然后基于组合粗糙度，结合采样点的地表实测值构建土壤水分经验方程，最后使用影像分割和区域特征相似度来表征地表差异性，根据地表差异为土壤水分反演方程选择合适的反演区域，最后完成土壤水分的反演。

利用SAR影像和同期实测数据分析雷达后向散射系数与地表粗糙度、土壤水分之间的关系，再利用经验关系进行土壤水分反演。为了消除粗糙度参数在土壤水分反演过程中引起的不确定性，需要分析如何构建组合粗糙度的合适形式来提高土壤水分反演结果的精度。

4.2.1　现有的组合粗糙度形式存在的问题

虽然现有各种粗糙度参数形式都实现了减少粗糙度参数个数的目标，能够降低粗糙度引起的不确定性，但是各种粗糙度参数形式都有各自的适用范围：

（1）如Zribi[138]等提出的 $Z_s = s^2/l$ 的雷达入射角的适用范围 $\theta > 23°$。

（2）余凡和陈晶等提出 $Z_s = s^3/l^2$，余凡提出的取值范围为 $s \in$ (0.1cm，1.5cm)，

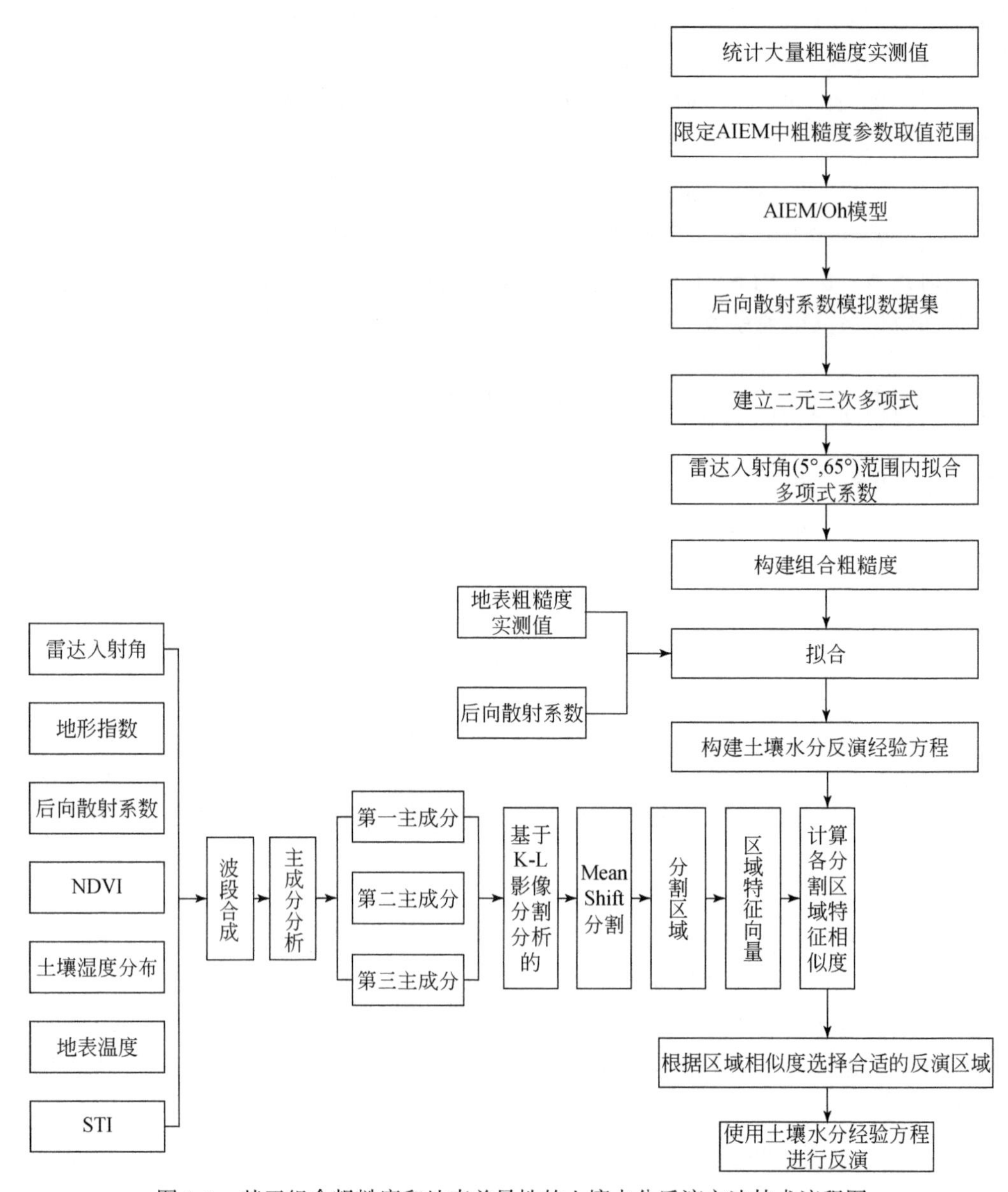

图 4.1　基于组合粗糙度和地表差异性的土壤水分反演方法技术流程图

$l\in$ (2cm，14cm)，陈晶提出的取值范围为 $s\in$ (0.1cm，2.0cm)，$l\in$ (2cm，16cm)，雷达入射角的适用范围 θ>25°。

(3) 孔金玲等提出的 $Z_s=s^3/l$ 的取值范围为 $s\in$ (0.1cm，2.0cm)，$l\in$ (55cm，65cm)。

下面通过 AIEM 模拟后向散射系数，来分析不同形式的 Z_s 适用情况。对 AIEM 的输入参数做如下设定：θ 给定为 30，频率 5.331GHz，$M_v=28\%$，$s\in$ (0.1cm，3cm)，步长为 0.1cm，$l\in$ (2cm，30cm)，步长为 1cm，$\theta\in$ (5°，65°) 时，通过实验分析得到各种形式的 Z_s 与模拟的 σ_{vv}^0 之间呈对数关系的相关系数，以及 s 和 l 的对数形式与模

拟的 σ_{vv}^0 之间多元线性回归的回归系数（表4.1）。

表4.1　不同雷达入射角时粗糙度参数与 σ_{vv}^0 的关系

相关性	Z_s	$\theta=15°$	$\theta=25°$	$\theta=35°$	$\theta=45°$	$\theta=55°$
R^2	s^3/l^2	0.32	0.79	0.94	0.98	0.99
R^2	s^3/l	0.35	0.81	0.94	0.98	0.98
R^2	s^2/l	0.34	0.80	0.95	0.98	0.99
R		0.38	0.81	0.95	0.98	0.99
RMSE		3.56	2.54	1.65	1.01	0.83

由表4.1可以看出，在给出的输入参数取值范围内，现有的各种形式的 Z_s 适用于 $\theta>25°$ 时SAR影像反演，而在 $\theta<25°$ 时适用性都较差。所以当 θ 较小时，如果在土壤水分反演过程中使用现有的组合粗糙度形式便不可避免地会引入新的不确定性。

4.2.2　构建合适的组合粗糙度

在文献[139-142]中，都是利用 s 和 l 的对数形式与模拟的 σ_{vv}^0 进行多元非线性回归，以寻找 Z_s 的适用形式。而在 $\theta<25°$ 时，利用 s 和 l 的对数形式与模拟的 σ_{vv}^0 进行多元线性回归，它们之间的相关系数较低，难以使用这种方法寻找到组合粗糙度的简单形式，而且由前人研究可知，θ 较小的影像有利于土壤水分的反演[146]，所以有必要寻找一种新的方法构建适用于较大范围的 θ 的组合粗糙度参数。

为了降低组合粗糙度不适用引起的不确定性，利用AIEM模拟的后向散射系数，其中 $\theta=15°$，$s\in$（0.1cm，3.0cm），$l\in$（5cm，70cm），在此取值范围内分析模拟后向散射系数与 s、l 之间的关系。构建组合粗糙度参数的过程如下。

1）首先以 s、l 与 σ_{vv}^0 为坐标轴，建立曲面（图4.2）。

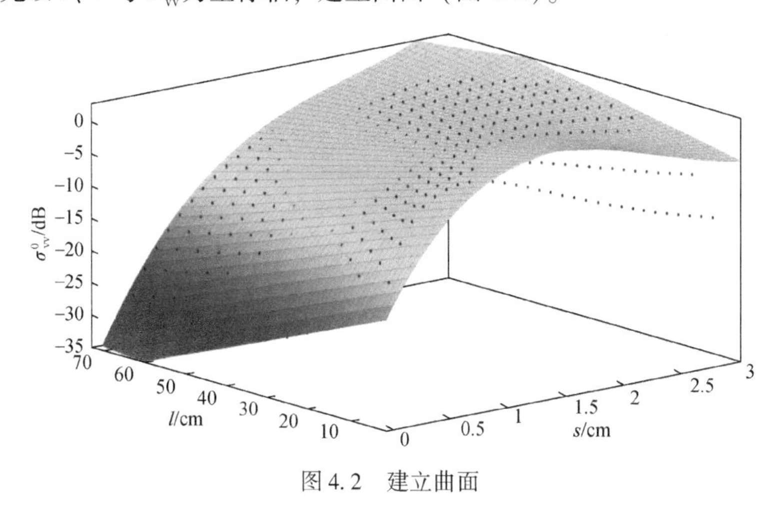

图4.2　建立曲面

2）拟合 σ_{vv}^0 与 s、l 之间的曲面方程。

由图4.2中的曲面可知，在小雷达入射角下，在本书给定范围内，极化后向散射系数的变化较为复杂。利用最小二乘拟合法，得到 $\theta=15°$、$s\in$（0.1cm，3.0cm）和 $l\in$（5cm，70cm）时的拟合方程，即 σ_{vv}^0 与 s 、l 之间有如下关系：

$$\sigma_{vv}^0=a\ (s^3+bs^2l+cs^2+dsl+es+fl)\ +g \tag{4.4}$$

式中，σ_{vv}^0 为 VV 极化后向散射系数；s 为均方根高度；l 为相关长度，a、b、c、d、e、f、g 为方程的经验系数。

3）建立组合粗糙度

取：

$$Z_s=s^3+bs^2l+cs^2+dsl+es+fl \tag{4.5}$$

则：

$$\sigma_{vv}^0=aZ_s+g \tag{4.6}$$

通过实验，发现 $M_v\in$（1%，50%）时，式（4.5）都适用。

4）确定不同雷达入射角时半经验方程系数

以上研究是基于 $\theta=15°$的，当 θ 发生改变时，研究发现 σ_{vv}^0 与 s 、l 之间同样存在类似式（4.4）的函数关系，即式（4.5）同样适用于 $\theta\in$（5°，65°）。式（4.5）中各项系数也随 θ 的不同而有所不同，利用 AIEM 模拟的极化后向散射系数得到 $\theta\in$（5°，65°）时的经验系数，表 4.2 为不同 θ 下组合粗糙度参数中各项经验系数的值。VH 极化方式下也可以得出类似的结论，利用 Oh 模拟的 VH 极化后向散射系数通过多元非线性回归统计，可得到 $\theta\in$（5°，65°）范围内 VH 极化方式下 Z_s 中的各项系数。

表 4.2 不同 θ 下组合粗糙度参数的经验系数

θ_i/(°)	b	c	d	e	f
5	-0.047	-4.681	0.219	4.004	-0.086
10	-0.047	-5.124	0.256	5.685	-0.182
15	-0.033	-5.618	0.238	7.532	-0.227
20	-0.017	-6.094	0.205	9.385	-0.259
25	0.0002	-6.526	0.163	11.201	-0.285
30	0.016	-6.885	0.120	12.905	-0.308
35	0.027	-7.142	0.078	14.293	-0.328
40	0.034	-7.276	0.043	15.562	-0.343
45	0.036	-7.290	0.016	16.370	-0.355
50	0.034	-7.225	0.0001	16.904	-0.365
55	0.028	-7.167	-0.007	17.475	-0.379
60	0.023	-7.277	-0.010	18.866	-0.419
65	0.020	-8.082	-0.009	24.111	-0.580

5）确定经验方程系数与 θ 的关系

利用表 4.2 进一步拟合经验系数 b、c、d、e、f 与 θ 之间的函数关系，得到式（4.7）~式（4.11）：

$$b(\theta_i) = -0.048 - 0.577\sin^3\theta_i + 0.681\sin^2\theta_i - 0.073\sin\theta_i \tag{4.7}$$

$$c(\theta_i) = -4.030 + 3.867\sin^2\theta_i - 7.396\sin\theta_i \tag{4.8}$$

$$d(\theta_i) = 0.173 + 1.826\sin^3\theta_i - 2.800\sin^2\theta_i + 0.843\sin\theta_i \tag{4.9}$$

$$e(\theta_i) = 2.663 + 2.406\sin^2\theta_i + 18.175\sin\theta_i \tag{4.10}$$

$$f(\theta_i) = 0.070 - 2.614\sin^3\theta_i + 3.891\sin^2\theta_i - 2.030\sin\theta_i \tag{4.11}$$

6）得到新的组合粗糙度

可得适应于 $\theta\in$（5°，65°）范围的 Z_s 形式：

$$Z_s = s^3 + b(\theta_i)s^2l + c(\theta_i)s^2 + d(\theta_i)sl + e(\theta_i)s + f(\theta_i)l \tag{4.12}$$

式（4.7）~式（4.12）中，Z_s 为地表组合粗糙度；σ^0_{vv} 为 VV 极化后向散射系数；s 为均方根高度；l 为相关长度；$b(\theta_i)$、$c(\theta_i)$、$d(\theta_i)$、$e(\theta_i)$、$f(\theta_i)$ 为只和 θ 有关的经验系数。

在土壤水分反演中使用新的组合粗糙度时，需要知道 SAR 影像中反演区域对应的 θ，代入式（4.7）~式（4.12）中，便可得到带经验系数的组合粗糙度形式。

4.2.3　实验验证

从物理机制上看，地表的后向散射系数主要受地表粗糙度和土壤介电常数的影响，而土壤介电常数主要受土壤质地、土壤水分和土壤温度的影响，其中土壤水分的影响最大[21]。地表的后向散射系数与地表粗糙度、土壤水分之间的关系可以表示为[143]

$$\sigma^0_{pq} = g(Z_s,\ \theta) \times f(M_v,\ \theta) \tag{4.13}$$

式中，$g(Z_s,\theta)$ 为由地表组合粗糙度和雷达入射角决定的地表粗糙度函数；$f(M_v,\theta)$ 为受土壤水分和雷达入射角主要影响的土壤水分函数。根据第 3 章 3.3 小节图 3.13 可知，在不同雷达入射角下，后向散射系数与土壤水分之间呈良好的对数关系，即式（3.1）。

结合式（3.1）、式（4.6）、式（4.12）、式（4.13），给定雷达入射角的后向散射系数的表达式可写为

$$\sigma^0_{pq} = (aZ_s + g) \times (h\ln M_v + i) \tag{4.14}$$

整理可得

$$\sigma^0_{pq} = A\ln M_v + BZ_s + CZ_s\ln M_v + D \tag{4.15}$$

通过将地表实测的均方根高度、相关长度、土壤水分实测值和实测点对应的极化后向散射系数代入式（4.15）中，进行多元线性回归分析，即可求得其中的经验系数 A、B、C、D。式（4.15）在 VV、VH 极化方式下都成立，即两式联立，通过消去 Z_s，可得土壤水分 M_v。式（4.15）适用于裸土地区的土壤水分反演，而对于农田及低矮植被覆盖的地区，式（4.15）也适用。Lievens[145] 等在 2011 年使用水云模型进行了大量实验，研究发现低矮植被，尤其是谷物冠层造成的散射衰减在很大程度上可以由直接的冠层贡献来补偿，这导致低矮植被覆盖区与裸土相比，雷达散射系数很小，在±1dB 之内。因此，本次研究没有考虑作物覆盖对后向散射系数的可能影响。

验证实验采用了 2008 年 5 月 24 日和 2008 年 7 月 11 日两幅 ASAR 数据，空间分辨率

均为12.5m×12.5m，工作模式为Alternating Polarization，极化方式为VV和VH两种。其中2008年5月24日影像的雷达入射角范围为（15°，22.9°），经度范围为（99°54′E，101°24′E），纬度范围为（38°53′N，40°03′N），2008年7月11日影像的雷达入射角范围为（31.0°，36.3°），经度范围为（99°28′E，100°43′E），纬度范围为（38°42′N，39°48′N）。图4.3（a）~图4.3（c）分别为临泽研究区2008年7月7日的TM5、TM4、TM3假彩色合成影像、2008年7月11日ASAR的VV极化影像和2008年5月24日ASAR的VV极化影像。

(a)TM5、TM4、TM3合成图(2008.7.7)

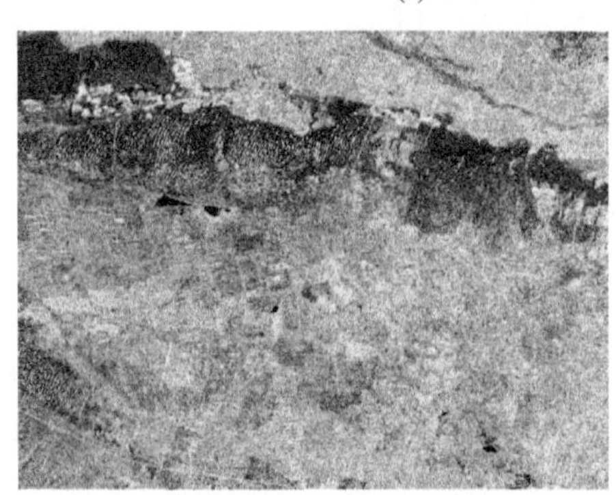

(b)临泽ASAR影像(2008.7.11)

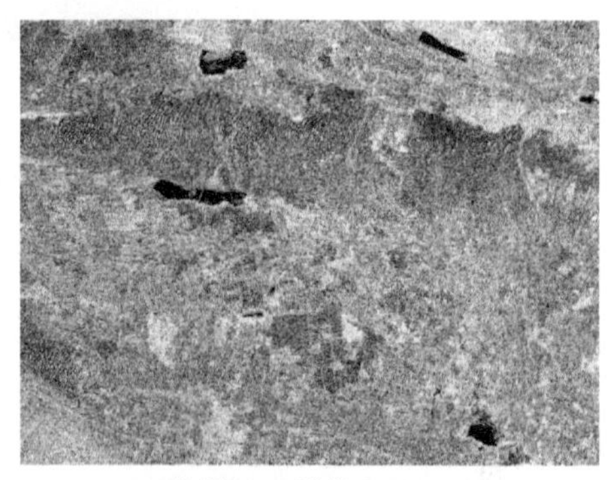

(c)临泽ASAR影像(2008.5.24)

图4.3 黑河流域临泽地区遥感影像

由图4.3（a）的TM影像可以看出，所选择的反演区域位于临泽地区黑河中游附近，区域上部植被覆盖为黑河河滩草地，中下部植被覆盖主要是农田和荒草盐碱地，农田和河滩草地间有大片裸土地表。实验样区位于黑河中游的临泽样地，采样点位于B样区，地表类型为带稀疏植被的盐碱地，为验证本章所提出方法的有效性和适用性，选取了与ASAR影像同期的共89组地面样方观测数据，观测数据包括地表土壤水分、均方根高度和相关长度，2008年5月24日B样区有48组实测数据，2008年7月11日有41组实测数据。

为充分说明构建的组合粗糙度形式在较大雷达入射角范围内的有效性，选择了两幅不同雷达入射角范围的ASAR影像进行土壤水分反演。为准确评估反演精度，利用与ASAR影像同期的地面土壤水分观测数据进行精度验证。均匀选取约60%的地面观测数据作为训练样点，得到反演模型的经验参数，把其余的40%数据作为验证数据，用于土壤水分反演精度的验证。

以2008年7月11日影像的土壤水分反演为例，将获取的ASAR数据进行辐射定标、几何校正和滤波等预处理，然后通过裸土地表采样区训练样点的经纬度数据获取到训练样点对应的SAR中的后向散射系数和雷达入射角，结合裸土地表采样数据中的土壤水分、均方根高度和相关长度等实测数据，代入式（4.12）和式（4.14）中，可得到式（4.16）和式（4.17）：

$$\sigma_{vv}^{0} = 4.981\ln M_{v} + 2.542Z_{s} - 0.526Z_{s}\ln M_{v} - 7.884 \tag{4.16}$$

$$\sigma_{hh}^{0} = 5.782\ln M_{v} + 1.351Z_{s} - 0.819Z_{s}\ln M_{v} - 3.465 \tag{4.17}$$

联立式（4.16）和式（4.17）求解可得影像中裸土类型地表的土壤水分，裸土地区土壤水分反演结果如图4.4所示。

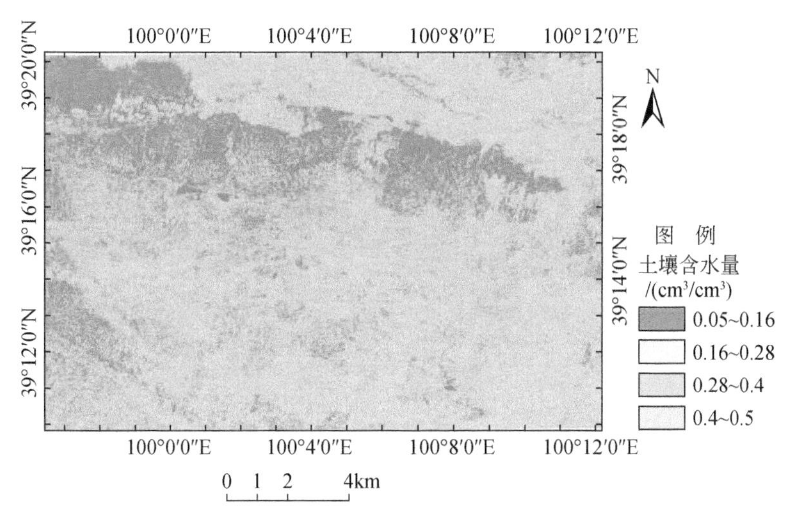

图4.4　2008年7月11日临泽地区土壤水分反演结果

由图4.4可以看出，临泽样地位于黑河流域中游，草地和农田分布较多，图中绿色和蓝色部分就是土壤水分含量较高的农用地和草地，橘红色区域为含水量较少的盐碱地。利用裸土样区验证点对反演结果进行精度验证，相关系数R^2=0.79731，RMSE=0.02345。验证结果表明，反演值与实测值较为一致，使用新的组合粗糙度参与反演精度较高。土壤水分反演值与实测值的散点图如图4.5所示。

同理可反演得到2008年5月24日ASAR影像的土壤水分反演结果，如图4.6所示。

同样利用裸土样区验证点进行精度验证，相关系数R^2=0.70571，RMSE=0.02922。

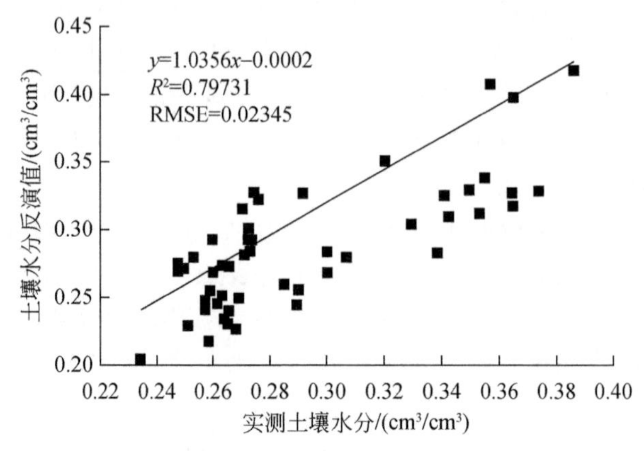

图 4.5　土壤水分反演值与实测值的关系

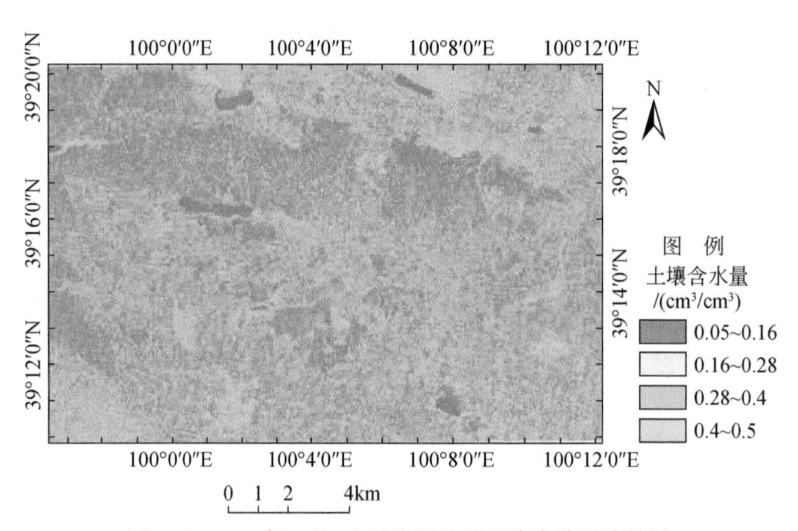

图 4.6　2008 年 5 月 24 日临泽地区土壤水分反演结果

4.2.4　与其他形式的组合粗糙度反演结果对比

关于组合粗糙度 Z_s 较为常用的形式主要有三种：$Z_s = s^3/l^2$、$Z_s = s^3/l$、$Z_s = s^2/l$，把它们分别代入式（4.18）中[147]，并结合不同地表类型的地面同期观测数据拟合得到不同地表类型的土壤水分反演方程组，图 4.7 为两幅 ASAR 影像分别应用 3 种 Z_s 的土壤水分反演结果。

使用同样的验证数据对反演结果进行验证，各自的反演水分值与实测土壤水分值进行对比（表 4.3）。

$$\sigma^0_{pq} = A\ln M_v + B\ln Z_s + C\ln Z_s \ln M_v + D \tag{4.18}$$

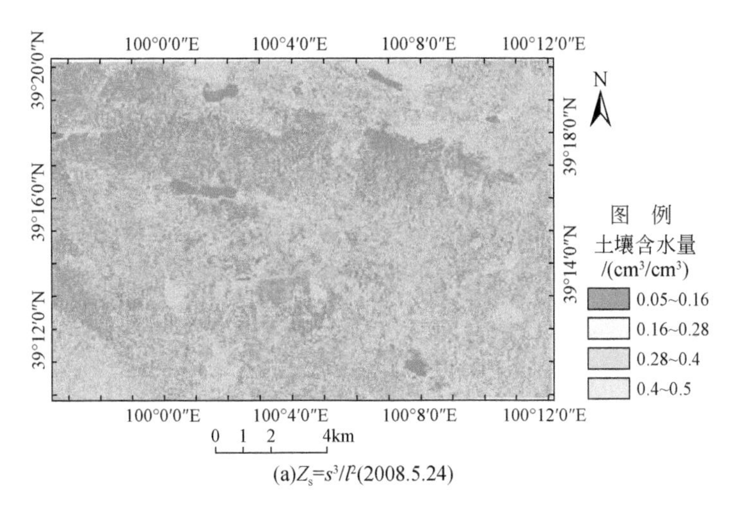

(a)$Z_s=s^3/l^2$(2008.5.24)

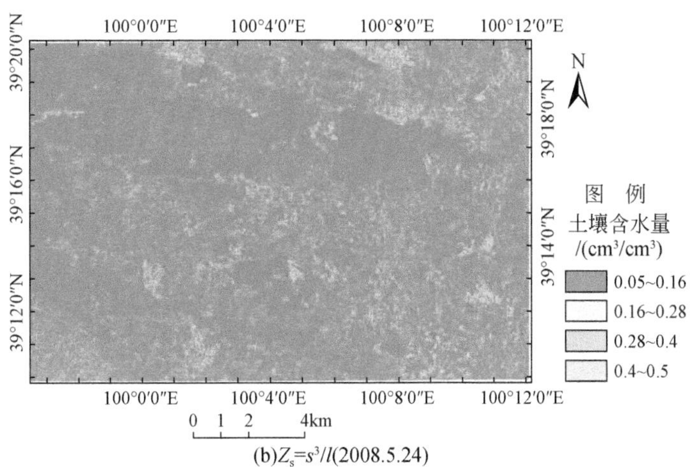

(b)$Z_s=s^3/l$(2008.5.24)

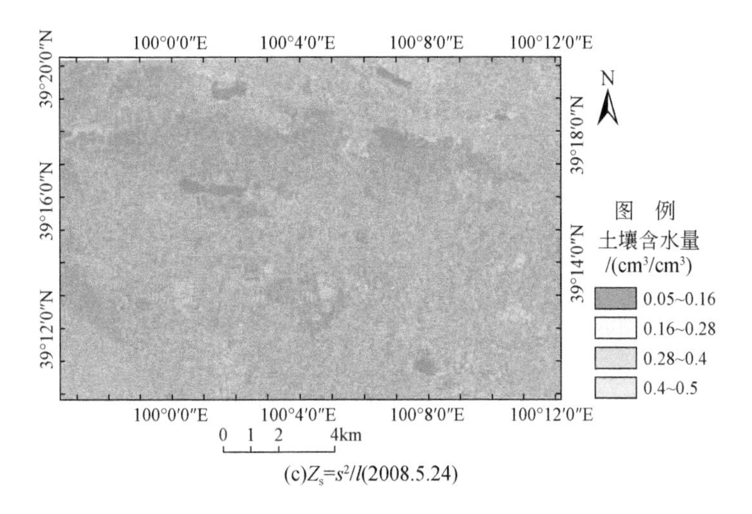

(c)$Z_s=s^2/l$(2008.5.24)

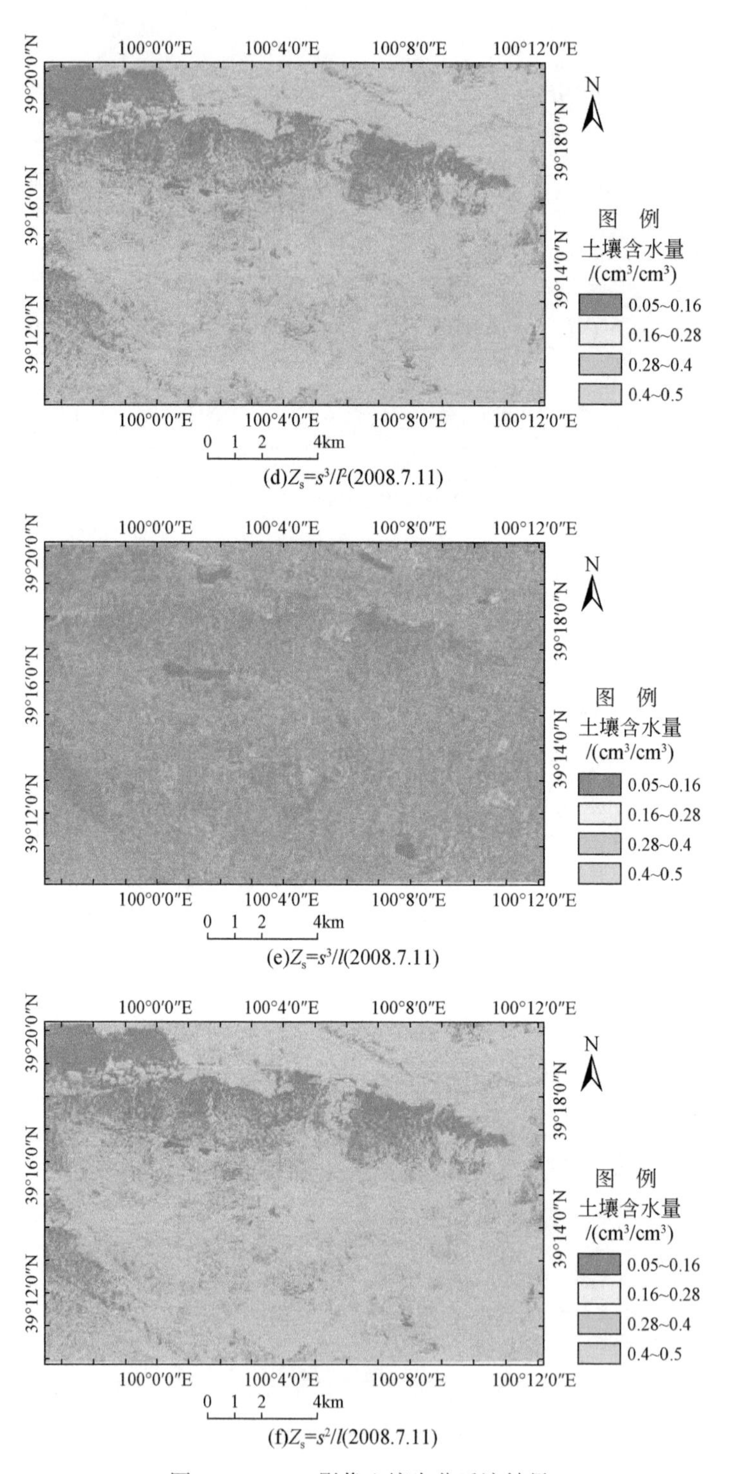

(d)$Z_s=s^3/l^2$(2008.7.11)

(e)$Z_s=s^3/l$(2008.7.11)

(f)$Z_s=s^2/l$(2008.7.11)

图 4.7　ASAR 影像土壤水分反演结果

表 4.3　不同地表类型各种形式的粗糙度参数的反演结果

ASAR 影像	精度	本书 Z_s	$Z_s=s^3/l^2$	$Z_s=s^3/l$	$Z_s=s^2/l$
2008.5.24	R^2	0.7057	0.6123	0.6088	0.6112
	RMSE	0.0292	0.0386	0.0394	0.0381
2008.7.11	R^2	0.7973	0.6865	0.6723	0.6859
	RMSE	0.0235	0.0327	0.0335	0.0338

对比结果显示，基于本书构建的新组合粗糙度的土壤水分反演方程精度较高，尤其是在雷达入射角较小的情况下，如 2008 年 5 月 24 日的 ASAR 影像雷达入射角范围为（15°，22.9°），反演精度明显优于现有的三种形式的地表组合粗糙度形式，而在雷达入射角较大时，如 2008 年 7 月 11 日的 ASAR 影像雷达入射角范围为（31.0°，36.3°），本书方法依然表现稳健，保持了较高的反演精度，因此新的组合粗糙度形式适用于 $\theta \in$（5°，65°）范围和更广泛的地表粗糙度范围。

4.3　地表差异性的量化

4.2.2 小节可以通过新组合粗糙度构建土壤水分反演经验方程，在实际反演应用中，考虑到地表差异性，需要分析土壤水分反演经验方程在不同地表的适用性。

4.3.1　地表差异性引入的不确定性

在宏观尺度的土壤水分实际反演中，基于有限范围的样区得到的土壤水分反演经验模型应用于较大的反演区域，从尺度的角度来讲，就是将在小尺度上得到的土壤水分反演模型应用在宏观尺度上，地表差异性会引起反演经验模型的适用性问题，必然会降低土壤水分反演精度。本小节提出了一种基于地表差异性的土壤水分反演方法，该方法使用多元遥感影像分割和区域特征相似度来表征地表差异性。

主动微波探测土壤水分的物理机制是土壤表面的后向散射系数与土壤水分、地表粗糙度、地表物质介电特性、土壤物理特性（结构、成分）、植被特性（数量、结构）及雷达系统参数（入射角、频率）密切相关[148]。一般野外实测时都会布设位于不同地表类型的多个样区，但由于野外实测受多种因素的影响（卫星过顶时间不确定、测量人员数目和测量经费有限），往往样方的设置范围和采样点的数量都比较有限。根据主动微波探测土壤水分的物理机制，可知强烈影响地表后向散射系数的各因子在不同地区数值不同，即反演区域内存在各影响因子的差异性。所以有限范围的样区中实测数据拟合或训练得到的土壤水分反演经验方程（关系），在较大范围的区域进行反演，必然存在有限的反演适用区域，即在微波遥感土壤水分反演中，如果反演区域内适合应用某个样区实测数据拟合（训练）的反演经验方程，则该区域与样区在土壤湿度分布、地表粗糙度、地表物质介电特性、土壤物理特性、植被特性和雷达系统参数等方面具有较高的一致性或相似性。

在现有的研究中，绝大多数研究是将一个样区得到的反演方程应用于整景 SAR 影像或是较大的反演区域。个别研究也只是事先对反演区域进行简单的地物分类，然后针对不同的地物类别分别使用不同的反演算法提取土壤水分。而简单的地物分类并不能充分反映出地表各因素的差异性，即使是同一类地物，土壤质地或地表粗糙度等因素都会影响地表后向散射系数，反演精度会受到很大影响。所以基于地物分类的土壤水分反演不能完全解决反演经验方程的适用范围问题。

4.3.2　地表差异性的量化

地表差异性量化计算步骤：①分析 TM 影像、DEM 数据、HWSD 土壤质地数据集和 ENVISAT ASAR 数据，结合实际地表特征，利用多元数据获取 7 个与地表土壤后向散射系数密切相关的影响因子，包括土壤湿度分布、地表温度、NDVI、土壤质地指数（soil texture index，STI）、地形指数、雷达入射角和后向散射系数共 7 个影响因子；②将各影响因子的影像进行波段合成；③利用主成分分析法[3]（PCA）对②的结果图像处理提取出包含前 3 个主成分的影像，然后合成为 RGB 影像；④利用 Mean Shift 方法[152]对③的结果影像做分割，获得过分割影像；⑤构建各分割区域和样区的特征向量（各分量为土壤湿度分布、地表温度、NDVI、STI、地形指数、雷达入射角、后向散射系数），分别计算不同分割区域与各样本区域间的特征相似度。最后使用区域特征相似度来表征地表差异性。

1. 获取影响因子

根据主动微波反演土壤水分的物理机制，选择土壤湿度分布、地表温度、NDVI、STI、地形指数、雷达入射角、后向散射系数这 7 个影响因子，分别反映了土壤水分、地表粗糙度、地表物质介电特性、土壤物理特性、植被特性及雷达系统参数对后向散射系数的影响。

其中，土壤湿度分布、NDVI 和地表温度可由 TM 反演计算得到，TM 影像的分辨率为 30m；STI 为本书提出的一种反映土壤质地的新指数，由“黑河流域 HWSD 土壤质地数据集”（分辨率为 1km）中的土壤砂土、黏土、淤泥含量计算得到；地形指数由“黑河流域 ASTER GDEM 数据集”通过提取地形的坡度计算得到，ASTER GDEM 数据集的分辨率为 30m；雷达入射角和后向散射系数从辐射定标后的 SAR 影像中得到，ASAR 影像的分辨率为 12.5m。由于各数据的分辨率不同，在波段合并前对各数据进行重采样，分辨率统一为 30m。

1）地表温度

利用 TM 影像和单窗算法可以反演地表温度[149]。土壤热导率和土壤热容量的变化取决于土壤的容重和土壤湿度，对于短时间内的土壤热惯性而言，认为土壤的容重是相对稳定的常量，而直接影响土壤温度日变幅的土壤导热率和热容量，仅随着土壤湿度的差异而产生变化，所以土壤湿度和土壤温度之间存在着成因上的内在联系，统计分析后发现，土壤湿度与温度之间存在相关性较好的线性关系。TM 影像容易受天气云层和气溶胶的干扰，虽然可以使用遥感软件的去云模块进行处理，但是不可避免会造成各波段反射率信息损失，引入新的误差，所以在反演过程中需要挑选云量较小的TM数据参与反演；且对有植被覆盖的地区反演精度不高，但仍然可以有效地反映土壤水分的分布特征，满足后续的数据要求。

2）STI

土壤质地是根据土壤的颗粒组成划分的土壤类型，通常使用砂土含量、黏土含量和淤泥含量三种指标来量化土壤质地。为综合考虑这三种指标，减少参与后续主成分分析的因子数量，提出了一种新的指标——STI。

使用AIEM建立基于不同土壤砂土含量sv和黏土含量cv时后向散射系数模拟数据集，其中sv和cv的取值参照“黑河流域HWSD土壤质地数据集”中提供的黑河地区的sv和cv的数值。AIEM的地表参数和雷达系统参数为固定值，做如下设定：雷达入射角θ给定为30°，频率5.331GHz，土壤水分$M_v=30\%$，均方根高度$s=1.2$cm，相关长度$l=12$cm。

通过对AIEM模拟的数据集进行多元回归，发现后向散射系数σ_{vv}^0与sv、cv存在如下关系：

$$\sigma_{vv}^0 = 1.644043\text{sv} + 0.548529\text{cv} - 4.39993 \tag{4.19}$$

相关系数$R^2=0.999819$，整理式（4.19）可得

$$\sigma_{vv}^0 = 0.548529(2.9972\text{sv} + \text{cv}) - 4.39993 \tag{4.20}$$

若设

$$\text{STI} = 3\text{sv} + \text{cv} \tag{4.21}$$

则可得后向散射系数与STI的线性方程：

$$\sigma_{vv}^0 = a\text{STI} + b \tag{4.22}$$

式中，a、b为方程的经验系数。式（4.22）表明土壤质地指数STI与后向散射系数σ_{vv}^0之间存在良好的线性关系。实验证明，STI与后向散射系数σ_{vh}^0之间也存在类似的线性关系，而且当土壤水分和粗糙度参数取值不同时，式（4.22）仍然成立。由此可见STI可以有效地综合表示土壤砂土含量、黏土含量和淤泥含量3个指标。

3）地形指数

地形指数是指反演区域地球表面积与投影面积之比，可通过坡度的余弦得到[150]：

$$Z = 1/\cos S \tag{4.23}$$

式中，Z为地形指数；S为坡度，单位为弧度。

利用ArcMap软件处理DEM数据，提取坡度信息。可使用ArcMap的Spatial Analyst中的Surface Analysis模块的Slope工具对DEM数据进行处理，再通过Spatial Analyst中的Raster Calculator模块利用式（4.23）得到反演区域的地形指数[147]。

4）雷达入射角

对分布目标而言，较大的雷达入射角范围通常会导致地物类型的外貌从近距离（小入射角）到远距离（大入射角）出现变化，即雷达回波在近距离较强，随着向远距离移动将逐渐减弱。雷达入射角可对微波遥感的反演结果产生较大影响[148]。而本书选取的ENVISAT ASAR影像沿单幅图像距离向雷达入射角大约有5°的变化。因此，雷达入射角也是影响土壤后向散射系数的一个因素[151]。

通过使用 NEST（Next ESA SAR Toolbox）软件处理 ENVISAT ASAR 数据，可得到雷达入射角影像。可使用 NEST 软件的 Terrain Correction 工具，在 Processing Parameters 选项中选择 Save local incidence angle band 多选框，从而获取 SAR 影像的本地入射角信息。

2. 基于主成分分析的 Mean Shift 影像分割

对 7 个后向散射系数影响因子的图层进行波段合成后，利用主成分分析法对合成后的影像进行主成分的提取，再将前 3 个主成分进行 RGB 合成，获得包含绝大多数图像信息的彩色影像，再对该影像进行 Mean Shift 影像分割，得到过分割的影像。

主成分分析法又称 K-L（Karhunen-Loeve）变换，是一种在总信息量不变的前提下，通过正交变换，使各个波段信息重新分配，去除波段之间多余信息、将多波段的图像信息压缩到比原波段更有效的少数几个转换波段的方法，实现在尽可能不丢失信息的同时，用几个综合性分量代表多波段的原图像[148]。一般情况下，前 3 个主成分（PC1、PC2、PC3）包含所有波段中 90% 以上的方差信息。

在对 7 个后向散射系数影响因子的图层进行波段合成后，利用 ENVI 5.1 软件中的 Principal Components 模块进行主成分分析。

基于均值漂移（Mean Shift）算法的影像分割算法是一种基于核密度梯度估计的无参数快速模式匹配算法，具有很强的适应性和鲁棒性[152]。

在包含前 3 个主成分的彩色影像中，使用 Mean Shift 算法进行处理时，每个像素点进行均值漂移，可以看成一个 2+1 维的向量，2 为空间位置坐标，1 为颜色维数[152]，因为处理的影像是彩色图像，所以维数为 3。

本书通过利用 Rutgers 大学的 Robust Image Understanding 实验室开发的 EDISON 软件对包含前 3 个主成分的彩色影像进行分割。

4.3.3 去除地表差异性的不确定性

计算影像分割后的各个区域块分别与样本区域之间区域特征相似度，根据各区域特征相似度数据集选择适应样本区域的反演经验方程（关系）的区域。在分割后得到的区域和样区之间进行特征相似度的判断，使用数值来有效地表示各分割区域和样区间地表情况的相似程度，这便是区域特征相似度的计算问题。得到各分割区域的特征相似度后，便可根据各分割区域与样区间的特征相似度值，选择合适的土壤水分反演方程进行反演，以达到去除地表差异性不确定性的目的。

特征大多可以表示成向量的形式，本章构建特征向量时选用了参与主成分分析的 7 个因子（土壤湿度分布、地表温度、NDVI、STI、地形指数、雷达入射角、后向散射系数）作为特征向量的分量。

利用 ArcGIS 10.2 软件的区域分析模块中的分区统计工具依次计算，分别得到分割区域和样区中像元集的 7 个因子的平均值，这样每个区域的因子平均值就组成一个 7 维特征向量。常用的相似度方法都是向量空间模型，即将特征看作向量空间中的点，通过计算两个点之间的接近程度来衡量特征间的相似度[152]。采用距离法来表示特征的相似度量，即特征的相似程度用特征向量的空间距离来表示，常用的有欧氏距离、马氏距离[152]。欧氏距离用于特征各维度的重要程度相同情况下的相似度计算[153]，对于本书所选的7维特征向量显然是不合适的。对后向散射系数有影响的因素中，土壤湿度分布、后向散射系数、地形指数和NDVI值这几个因子相对于其他因子对后向散射系数的影响更大[20]。马氏距离主要用于特征向量的各分量具有相关性或各分量的权重不等的情况。因此本书采用马氏距离来计算区域特征相似度，马氏距离[151]表示为

$$d(x,\ y)=\sqrt{(x-y)^{\mathrm{T}}E^{-1}(x-y)} \tag{4.24}$$

式中，x 和 y 为两个准备计算的区域特征向量；E 为影像的特征向量协方差矩阵；$d(x,y)$ 为向量 x 和 y 之间的马氏距离。

计算得到各分割区域与各样本区域的特征相似度数据集后，可按照区域特征相似度的数值大小确定各反演方程适应的反演区域。

设分割区域的集合为 F，共有 m 个分割区域，每个分割区域表示为 F_i，$i=1$，…，m。样本区域集合为 Y，共有 n 个，每个样本区域表示为 Y_j，$j=1$，…，n。分割区域 F_i 计算与每个样区 Y_j 的特征相似度，形成 $m\times n$ 的特征相似度数据集 D，其中 $D_{i,j}$ 为第 i 个分割区域与第 j 个样区的特征相似度。

给出如下规则：若 $D_{i,j}=\min\{D_{i,1},\ D_{i,2},\ \cdots,\ D_{i,n}\}$，则表示 F_i 属于 Y_j 对应的反演经验方程（关系）的反演区域。再根据4.2中的方法建立各样区对应的土壤水分反演经验方程，便可得到最终反演区域的土壤水分。

4.3.4　验证有效性

采用2008年7月11日的ASAR数据，为验证本书所提出的方法的有效性和适用性，选取了与ASAR影像同期的共139组地面样方土壤水分观测数据。研究样区位于甘肃省黑河中游的临泽样地，样地较为平坦，选择了3个360m×360m的样方B、D、E，样点间距为60m，B样方地表类型是盐碱地，分布有稀疏的芦苇和杂草，D样方地表类型是苜蓿，E样方地表类型是大麦地。临泽地区的气候类型为大陆性荒漠草原气候，年蒸发量为1830.4mm，平均降水量为118.4mm，年平均气温为7.7℃。

另外，还选用了Landsat 5卫星的TM影像，空间分辨率为30m×30m；寒区旱区科学数据中心提供的“黑河流域HWSD土壤质地数据集”和“黑河流域ASTER GDEM数据集”。

使用Landsat-5的TM影像反演得到土壤湿度分布、NDVI、地表温度影像。图4.8（a）为反演区域的TM假彩色合成影像，合成波段为5、4、3波段，红色区域为B、D、E样区。图4.8（b）和图4.8（c）分别是反演区域的地表温度和土壤湿度分布影像。从图4.8（b）和图4.8（c）中可以看出，不同区域的地表温度和土壤湿度分布不同。参考寒区旱区科学数据中心提供的“黑河生态水文遥感试验：黑河流域土地利用覆被数据集（2011年7月）”，图4.8（b）中红色区域地表温度最高，其土地覆盖类型为裸土；其次是地表温度较高的黄色区域，其土地覆盖类型为稀疏草地；再次是温度较低的绿色区域，土地覆盖类型为小麦地、大麦地、玉米地和湿地。土壤湿度分布图也有类似的分布情况，从图4.8（c）中可以看出，同样是农田，由于植被的类型、结构不同，田间土壤的含水量也不同，玉米地的土壤湿度就大于小麦和大麦地的土壤湿度。

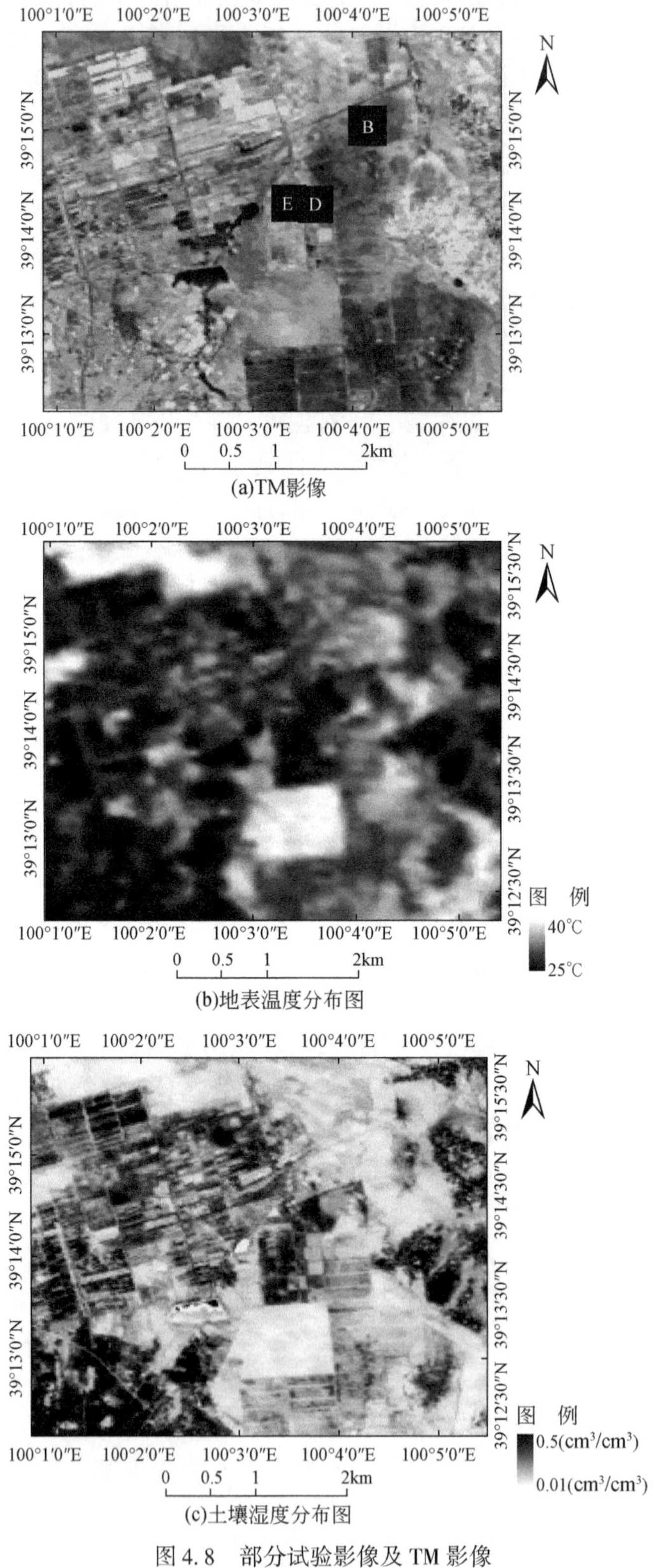

图 4.8　部分试验影像及 TM 影像

根据“黑河流域HWSD土壤质地数据集”得到研究区土壤砂土含量、黏土含量和淤泥含量后，根据式（4.22）计算STI（表4.4）。

表4.4 反演区域的土壤质地指数（STI）

土壤类型	砂土含量/%	黏土含量/%	淤泥含量/%	STI
过渡红砂土	66	24	10	2.22
潜育盐土	22	52	26	1.18
松软盐土	24	32	44	1.04
人为土1	90	4	6	2.74
人为土2	29	21	50	1.08

地形指数由“黑河流域ASTER GDEM数据集”得到；雷达入射角从辐射定标后的SAR影像中得到。

对得到的NDVI、地表温度、土壤湿度分布、STI、地形指数、雷达入射角、后向散射系数共7个影响因子进行主成分分析，得到表4.5。

表4.5 主成分因子贡献率

项目	PC1	PC2	PC3	PC4	PC5
特征值	1404.92	226.6287	80.3059	20.3149	16.9019
贡献率/%	79.32	12.79	4.54	1.14	0.96
累计贡献率/%	79.32	92.11	96.65	97.79	98.75

由表4.5可以看出，前3个主成分的样本方差累计贡献率已经达到96.65%，反映了样本的主要信息，把前3个主成分合成为RGB彩色图。使用EDISON软件对包含前3个主成分的彩色影像进行分割，图4.9为分割后的结果图，研究区一共分成了101块区域。由图4.9可以看出，裸地、草地、农田和水体都得到了较好的同质分割，存在一定的过分割现象，但是本书考虑到即使是同类地物，由于地表各因素的差异性，也有必要进行分割，分割结果说明本书选择的各种影响因子较为合理。

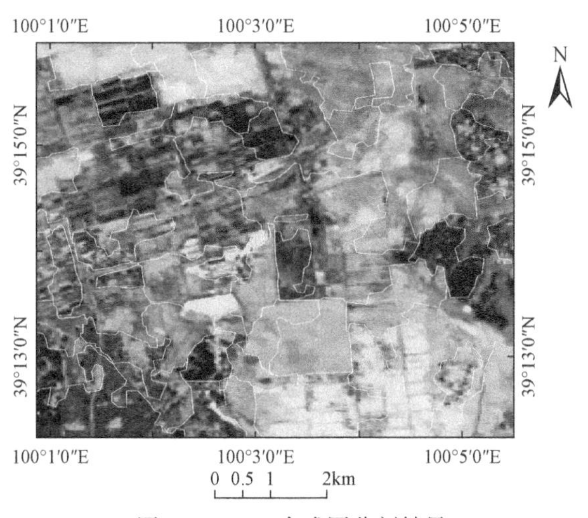

图4.9 RGB合成图分割结果

以临泽地区B和E样区为模板区域，计算每个分割区域特征向量与各模板区域特征向量之间的马氏距离，以此来表示各分割区域间的特征相似度。表4.6为部分分割区域与样本区域之间的马氏距离，表4.6中各分割区域的地物类型参考“黑河生态水文遥感试验：黑河流域土地利用覆被数据集（2011年7月）”。

表4.6 分割区域与样本区域之间的特征相似度

分割区域	样区B	样区E	地物类型
F_2	2.0567	0.6563	小麦地
F_4（包含B）	0.0132	0.9515	稀疏盐碱草地
F_5	0.1243	0.9894	稀疏草地
F_{10}	0.4069	0.9086	稀疏草地
F_{11}	0.3101	0.8156	大麦地
F_{14}	2.2088	1.335	玉米地
F_{15}	1.4378	0.6796	大麦地
F_{18}	2.2788	1.4097	玉米地
F_{22}（包含D）	1.0607	0.4227	苜蓿地
F_{24}（包含E）	2.1076	0.0237	大麦地
F_{27}	1.9642	0.5749	大麦地
F_{39}	2.3784	1.4323	玉米地
F_{40}	1.6591	0.1844	大麦地
F_{43}	0.0466	1.1203	稀疏草地
F_{48}	0.8145	0.5227	稀疏草地

由表4.6可以得出以下结论。

（1）B样方地表类型是盐碱草地，B样方得到的反演经验方程的对应反演区域为F_4、F_{43}、F_5、F_{11}与F_{10}；

（2）E样方地表类型是大麦地，E样方得到的反演经验方程的对应反演区域为F_{24}、F_{40}、F_{22}、F_{48}、F_{27}、F_2、F_{15}。

各反演区域中，相似度较好的分割区域的土地覆盖类型基本与样方一致，这从一定程度上证明了本书方法的有效性。

4.3.5 结果分析

为评估本书提出方法的有效性，有临泽地区4个样方B（41个样点）、D（49个样点）、E（49个样点）共139个样点的地面观测数据参与验证实验。使用B和E样方中的部分地面观测数据，结合同期ENVISAT ASAR观测影像，得到两组土壤水分反演经验方程。

将B和E样区训练样点土壤水分，根据粗糙度和土壤水分的实测数据拟合式

(4.15)，可得到式（4.25）~式（4.28)，其中式（4.25）和式（4.26）为从样区B中得到的反演方程组1，式（4.27）和式（4.28）为从样区E中得到的反演方程组2，方程组中两式联立消参求解可得影像中各反演区域的土壤水分。

反演方程组1：

$$\sigma^0_{vv} = -1.63\ln M_v + 2.13\ln Z_s - 0.96\ln Z_s \ln M_v + 5.31 \tag{4.25}$$

$$\sigma^0_{vh} = 2.80\ln M_v + 0.41\ln Z_s + 0.22\ln Z_s \ln M_v - 12.86 \tag{4.26}$$

反演方程组2：

$$\sigma^0_{vv} = -10.21\ln M_v - 0.17\ln Z_s - 2.33\ln Z_s \ln M_v - 9.11 \tag{4.27}$$

$$\sigma^0_{vh} = 77.55\ln M_v + 29.85\ln Z_s + 13.17\ln Z_s \ln M_v + 159.67 \tag{4.28}$$

图4.10（a）为单独使用反演方程组1的土壤水分反演结果，图4.10（b）为单独使用反演方程组2的土壤水分反演结果，图4.10（c）为使用本书方法得到的土壤水分反演结果。

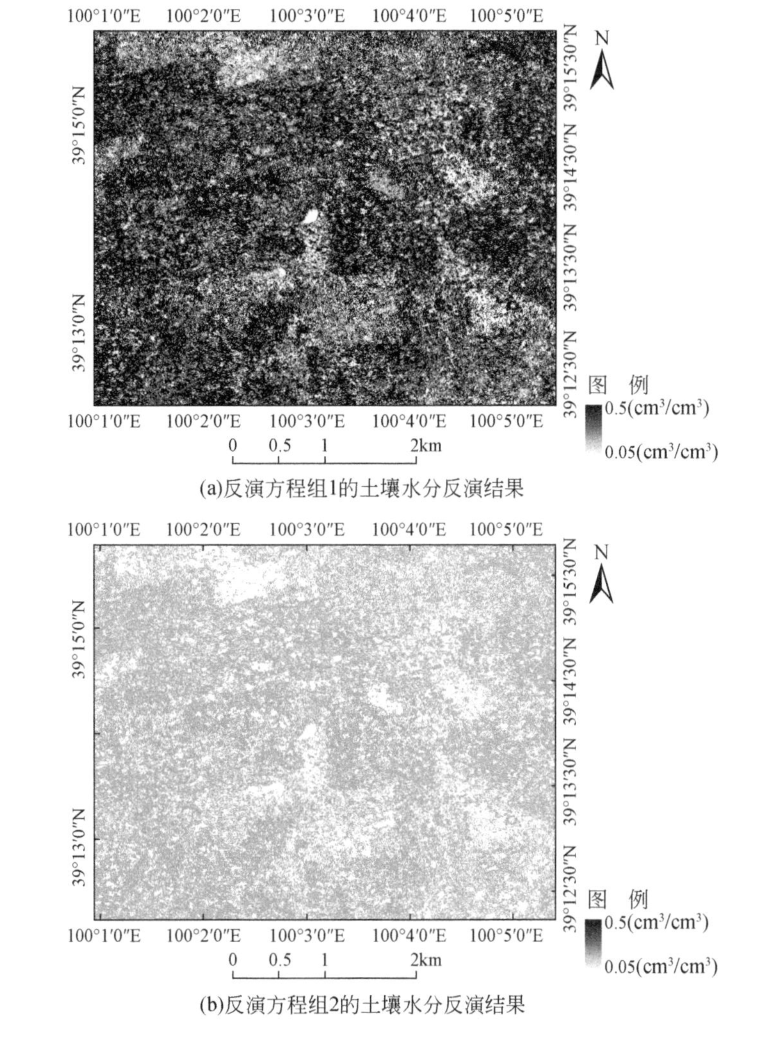

(a)反演方程组1的土壤水分反演结果

(b)反演方程组2的土壤水分反演结果

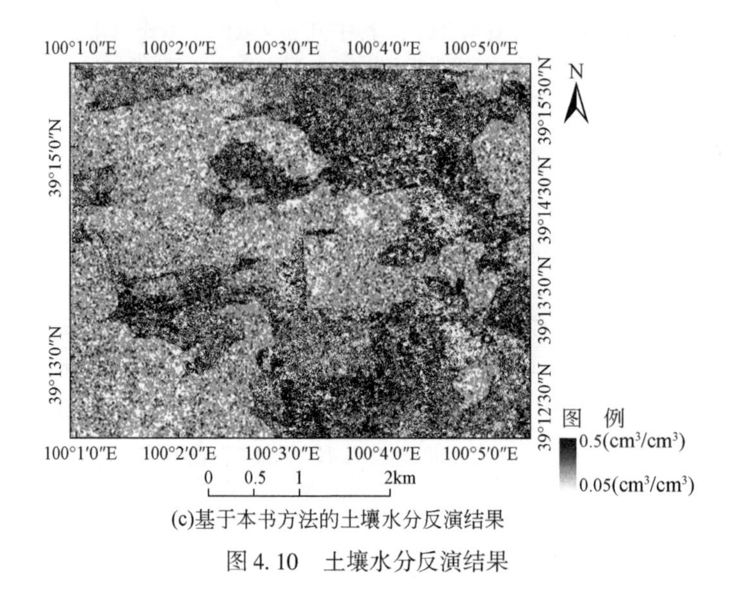

(c)基于本书方法的土壤水分反演结果

图 4. 10　土壤水分反演结果

分析图 4. 10 的反演结果，发现图 4. 10（a）中的土壤水分反演结果与实测值相比偏高，图 4. 10（b）中的土壤水分反演结果与实测值相比偏低，判断可能是由于反演方程组 1 使用的训练数据中土壤水分数值都比较高，导致训练得到的反演方程组的反演结果也偏高。同样地，反演方程组 2 使用的训练数据中土壤水分数值都比较低，导致反演结果也偏低。这也证明了土壤水分反演经验方程的确有一定的适用范围。

将 B、E 样方的其他土壤水分实测数据，以及 D 样方的土壤水分实测数据作为验证数据，图 4. 10（a）~ 图 4. 10（c）中的土壤水分反演数据与验证数据进行对比，表 4. 7 是对比的结果。

表 4. 7　土壤水分反演结果精度

分割区域	误差	反演方程组 1	反演方程组 2	本章方法
F_4（包含 B）	R^2	0. 8256	0. 5515	0. 8256
F_{22}（包含 D）	R^2	0. 5041	0. 7455	0. 7455
F_{24}（包含 E）	R^2	0. 5803	0. 7763	0. 7763

表 4. 7 中的对比反演结果精度表明，不考虑反演经验方程的适用范围，单独使用一个反演经验方程得到的土壤水分反演精度与使用本书提出的方法得到的精度相比，显然使用本书的方法反演精度较高。

为准确评估反演精度，均匀选取研究区中 40 组地面土壤水分观测数据分别对反演方程组 1、2 和本章方法进行精度验证。检验结果表明本书方法的反演值与实测值较为一致，R^2 = 0. 7942，RMSE = 0. 0285。而反演方程组 1 的 R^2 = 0. 7344，RMSE = 0. 0381，反演方程组 2 的 R^2 = 0. 587，RMSE = 0. 0579，所以本书方法反演精度最高，土壤水分反演值与实测值的散点图如图 4. 11 所示。

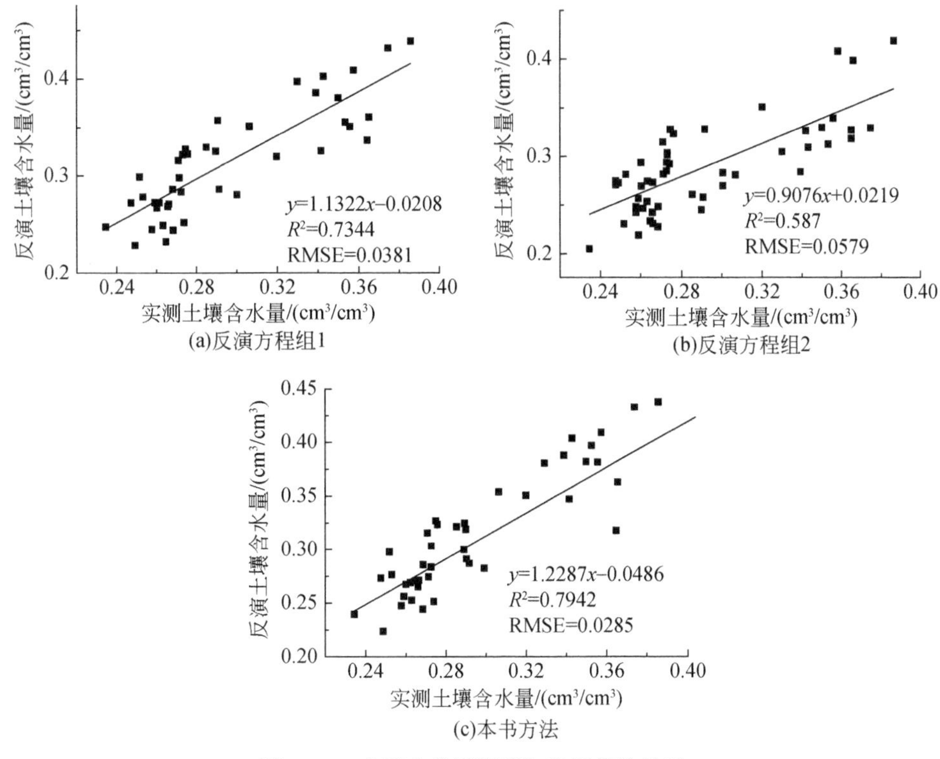

图4.11 土壤水分反演值与实测值的关系

由此可以证明，本小节提出的基于多元遥感影像分割和区域特征相似度的地表差异性表征方法可以解决由地表差异引起的反演不确定性问题，是一种有效提高微波土壤反演水分精度的方法。

4.4 本章小结

本章首先建立了与雷达入射角相关的新组合粗糙度参数，适用范围更广，在 $\theta \in (5°, 65°)$ 范围内，本章构建的组合粗糙度模型反演精度都较好，尤其是在雷达入射角较小时（$\theta<25°$），本书提出的组合粗糙度更有优势；为解决由地表差异性引起的反演算法适用性问题，提出了一种基于多元遥感影像分割和区域相似度矩阵的地表差异性表征方法，可以在一定程度上消除反演算法不适用带来的不确定性。

第5章　基于像元尺度粗糙度的土壤水分反演方法

第4章4.2小节中构建的组合粗糙度虽然可以简化粗糙度的形式，降低粗糙度不确定性的影响，但是在土壤水分反演时，依然需要将地表实测的粗糙度值代入经验方程中进行反演。粗糙度物理测量的不确定性仍然没有去除；粗糙度参数物理实测值都是基于微观尺度进行测量，而雷达后向散射系数是基于像元尺度的，尺度不匹配引起反演结果的不确定性，需要建立后向散射系数与粗糙度参数之间像元尺度的对应关系。为了解决上述问题，本章首先提出了一种改进的有效粗糙度反演算法，在反演时用有效粗糙度代替粗糙度实测值，相比于传统的有效粗糙度反演算法，改进了反演中均方根高度取值的问题，该方法可以较好地提高土壤水分反演精度；有效粗糙度的反演过程依然依赖地表土壤水分的实测值，又会引入新的不确定性，针对这个问题，本章提出的贝叶斯概率反演粗糙度算法可以不依赖任何实测数据，反演得到基于像元尺度的粗糙度。

5.1　改进的有效粗糙度反演算法

5.1.1　有效粗糙度传统算法的问题

从4.1.3小节计算有效粗糙度参数的步骤中可以看出，在计算有效相关长度时是将反演区域的均方根高度固定为某个值，然后通过LUT法结合实测土壤水分得到有效相关长度。Lievens[154]通过使用大量实测数据和模拟数据进行实验，认为C波段下s的取值为1cm时可得到较好精度的反演结果，Lievens认为在使用有效粗糙度反演土壤水分时，C波段下所有区域的土壤水分反演都可以把s值定为1cm。下面将分析s的取值固定为某个值是否会影响反演结果的精度。

从“黑河综合遥感联合试验”（WATER）项目提供的地表实测数据中，选取临泽地区2008年5月24日的ASAR影像进行实验，图5.1为实验地区基于不同s取值进行土壤水分反演得到的结果。

从图5.1中可以看出，基于固定s取值的LUT法反演结果显示，随着s的增大，反演的土壤水分随之减小，其中当s取1.5cm时，反演结果精度比s取值为1cm时要高。因此，我们可以发现，$s=1$cm的取值并不适合所有地区，而且s取值合适与否，对LUT法土壤水分反演的精度有很大的影响。

针对不同地表类型和植被覆盖程度的样区设计试验，使用LUT法并通过实测数据和反复试验获取不同样区土壤水分反演结果精度最高的s取值。

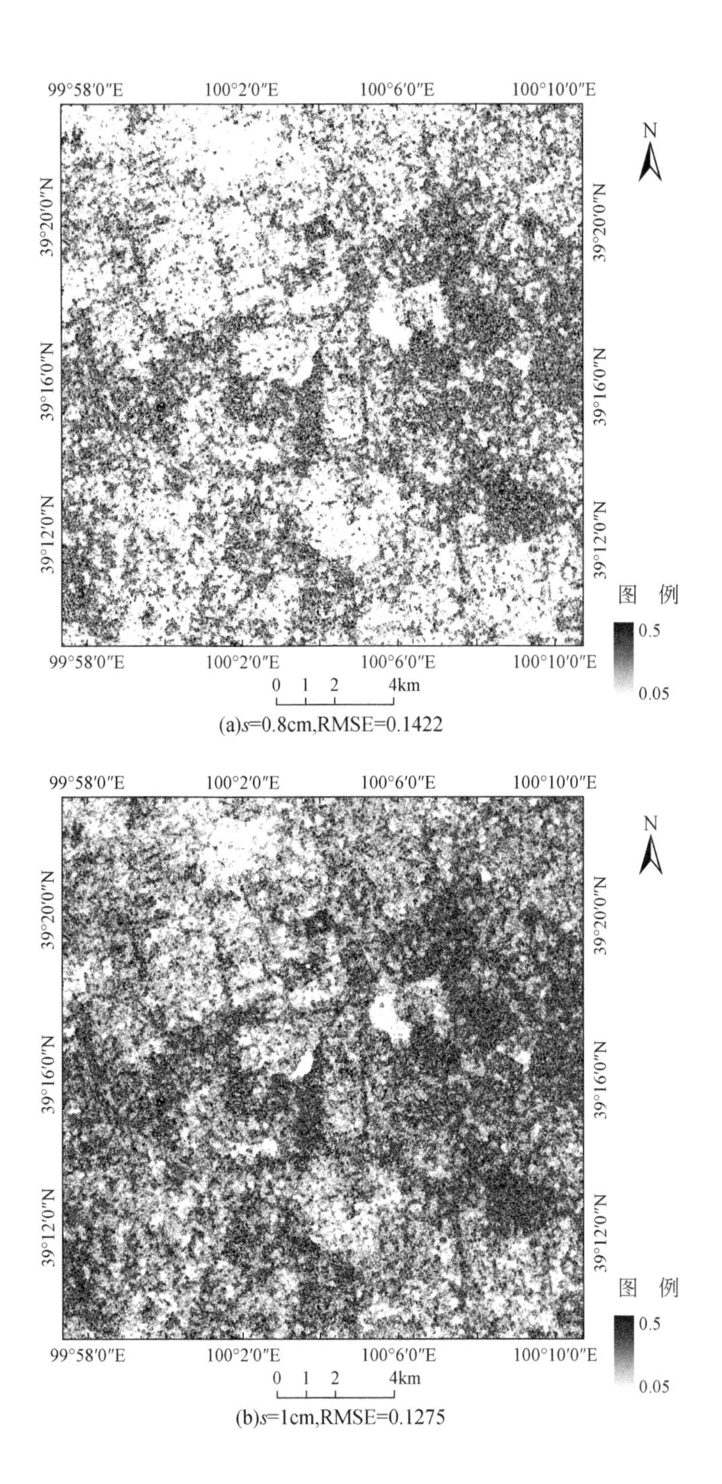

(a)s=0.8cm,RMSE=0.1422

(b)s=1cm,RMSE=0.1275

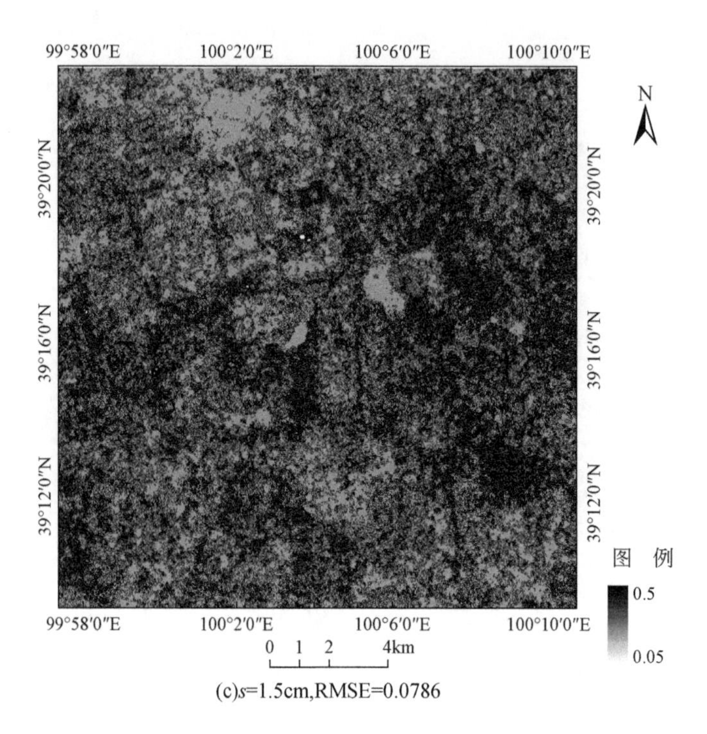

(c)s=1.5cm,RMSE=0.0786

图 5.1　临泽地区土壤水分反演结果

从“黑河综合遥感联合试验”（WATER）项目提供的数据中选取样区，样区分别位于黑河中游的临泽样地、黑河上游的阿柔乡、俄堡和扁都口样地。选用 ESA 的 ENVISAT-1 卫星上 ASAR 传感器获取的 SAR 影像作为土壤水分反演的数据源。根据雷达入射角、土地覆盖类型和月份，选择 7 景 ENVISAT ASAR 影像，影像获取的时间为 2007 年的 10 月和 2008 年的 3 月、5 月、6 月、7 月。表 5.1 给出了试验所用到的 ASAR 数据情况。

表 5.1　ASAR 影像介绍

序号	采样点数目/个	时间	雷达极化方式	雷达入射角/(°)
1	50	2007.10.17	VV/VH	23
2	75	2007.10.18	VV/VH	41
3	41	2008.03.12	VV/VH	23
4	75	2008.06.19	VV/VH	41
5	25	2008.07.05	VV/VH	44
6	231	2008.07.11	VV/VH	33.5
7	132	2008.05.24	VV/VH	19

从 WATER 项目提供的地表实测数据中，选择与 ASAR 影像同步观测的土壤水分、s 和 l 数据，筛选出不同样区、不同月份和不同地表覆盖类型的一共 18 个样区，629 组

观测值。样区有多种地表类型，包括草地、带稀疏植被盐碱地、苜蓿地、大麦地、芦苇地、油菜地、玉米地和裸土。

根据18个样区中629组采样点实测的土壤水分、s，确定土壤水分范围为5%～50%，步长为1%；s取值范围设定为0.1～3.5cm，步长为0.1cm，即s的取值为35个。根据Lievens的试验结果[154]，l取值范围为5～110cm较为合适，步长为1cm。表5.2为试验选择的样区数据集介绍。

表5.2　样区介绍

序号	采样区	采样点数目/个	地表类型	时间
1	俄堡1	25	草地	2007.10.18
2	扁都口1	25	油菜地	2007.10.17
3	阿柔预实验2	25	草地	2007.10.17
4	阿柔预实验1	25	草地	2007.10.18
5	阿柔预实验2	25	草地	2007.10.18
6	阿柔1	41	雪覆盖草地	2008.3.12
7	阿柔1	25	草地	2008.6.19
8	阿柔2	25	草地	2008.6.19
9	阿柔3	25	草地	2008.6.19
10	阿柔预实验1	25	草地	2008.7.5
11	临泽A	44	芦苇地	2008.7.11
12	临泽B	41	草地	2008.7.11
13	临泽C	48	盐碱地	2008.7.11
14	临泽D	49	苜蓿地	2008.7.11
15	临泽E	49	大麦地	2008.7.11
16	临泽B	48	盐碱地	2008.5.24
17	临泽D	49	苜蓿地	2008.5.24
18	临泽E	35	大麦地	2008.5.24

使用AIEM模拟后向散射系数，分别为35个s的取值建立VV/VH极化后向散射系数的LUT表；在LUT表内，使用成本函数对18个样区的土壤水分进行反演。根据不同s取值时得到的土壤水分反演结果与实测值之间的RMSE，选取反演精度最高时s的取值。表5.3为不同样区对应的最佳s取值表。

表5.3　不同样区对应的最佳s取值表

序号	时间	采样区	地表类型	雷达入射角/(°)	s取值/cm	RMSE
1	2007.10.18	俄堡1	草地	41	0.1	0.1114
2	2007.10.17	扁都口1	油菜地	23	2.1	0.1227
3	2007.10.17	阿柔预实验2	草地	23	0.1	0.1036

续表

序号	时间	采样区	地表类型	雷达入射角/(°)	s 取值/cm	RMSE
4	2007. 10. 18	阿柔预实验 1	草地	41	0. 1	0. 1114
5	2007. 10. 18	阿柔预实验 2	草地	41	0. 1	0. 0971
6	2008. 3. 12	阿柔 1	雪覆盖草地	23	0. 3	0. 1225
7	2008. 6. 19	阿柔 1	草地	41	2. 1	0. 1087
8	2008. 6. 19	阿柔 2	草地	41	2. 7	0. 0761
9	2008. 6. 19	阿柔 3	草地	41	1	0. 1109
10	2008. 7. 5	阿柔预实验 1	草地	44	0. 7	0. 1116
11	2008. 7. 11	临泽 A	芦苇地	33. 5	0. 2	0. 1081
12	2008. 7. 11	临泽 B	盐碱地	33. 5	0. 8	0. 1183
13	2008. 7. 11	临泽 C	盐碱地	33. 5	0. 5	0. 1005
14	2008. 7. 11	临泽 D	苜蓿地	33. 5	0. 3	0. 1228
15	2008. 7. 11	临泽 E	大麦地	33. 5	2. 9	0. 1476
16	2008. 5. 24	临泽 B	盐碱地	19	0. 8	0. 1218
17	2008. 5. 24	临泽 D	苜蓿地	19	0. 4	0. 1533
18	2008. 5. 24	临泽 E	大麦地	19	1. 2	0. 1438

表 5. 3 说明不同地表类型和植被覆盖的样地，最佳 s 取值不同，相同的地表类型，如表 5. 3 中的 3、4、5，都是同一地区的阿柔预实验样区，地表覆盖类型都是草地，最佳 s 的取值一样，都是 0. 1，但是表 5. 3 中的 7、8、9，都是同一地区的阿柔样区，地表覆盖类型也都是草地，但最佳 s 的取值却都不一样。同样地，都是大麦地的 15 与 18 的最佳 s 取值也相差较大。所以，不能简单地认为相同地表类型的区域应该取一样的 s 值，需要进行基于像元的最佳 s 取值研究。

通过以上实验，可以认为反演有效粗糙度时，忽视地表差异性，s 一律取某个固定值，会影响土壤水分反演结果的精度，带来不确定性。事实上，把一幅影像的 s 值固定为某个值，虽然在运算上比较方便，但是也掩盖了不同区域、不同像元之间的地表差异性，针对这个问题，可以从像元的角度来考虑。假设每个像元都是最小尺度的反演区域，基于传统的有效粗糙度反演算法，寻找像元区域的固定 s 值进行有效粗糙度反演。下面介绍基于像元的最佳有效粗糙度反演算法。

5. 1. 2 基于像元的最佳有效粗糙度的反演算法

提出一种基于像元的有效粗糙度的 LUT 土壤水分反演方法。首先以土壤水分采样点所在的像元为最小尺度的反演区域，利用采样点的实测土壤水分值，基于 LUT 方法反演有效粗糙度，在 $s \in (0.1\text{cm}, 3.0\text{cm})$ 和 $l \in$ （5cm，70cm）时构造 LUT 表，根据 LUT 表中后向散射系数及土壤水分最接近实测值的原则，获取到各采样点的最佳有效粗糙度；然后分析发现，裸土和植被覆盖区的不同采样点的最佳 s 取值、最佳 l 取值和

VV/HH 极化后向散射系数之间都存在相关性较好的经验函数；通过该经验函数可以确定 SAR 影像中每个像元的最佳有效 s 和 l 的取值，然后再通过 LUT 法反演得到土壤水分，技术流程如图 5.2 所示。

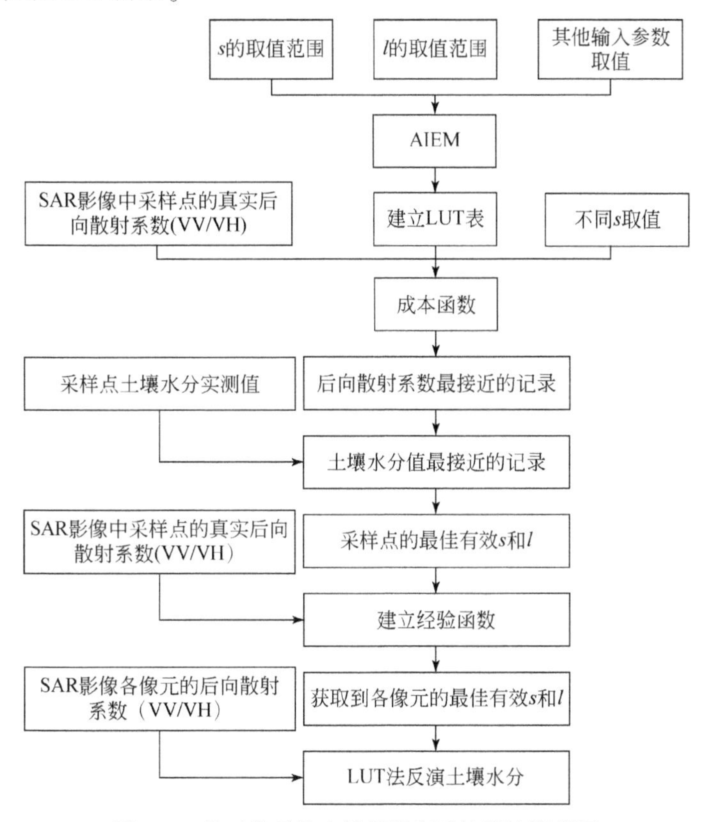

图 5.2　基于像元的有效粗糙度反演算法流程图

表 5.4 为表 5.3 中样区 11 和样区 12 中部分采样点的最佳粗糙度取值表。

表 5.4　样区 11 和样区 12 中部分采样点的最佳粗糙度取值

样区	样点序号	最佳 s 取值/cm	最佳 l 取值/cm
样区 11 临泽 A	1	0.4	18
	2	1.0	32
	3	1.1	46
	4	0.2	5
	5	1.8	57
	6	0.5	9
	7	0.4	5
	8	0.5	10
	9	1.1	29
	10	1.0	16

续表

样区	样点序号	最佳 s 取值/cm	最佳 l 取值/cm
样区 12 临泽 B	1	1.8	5
	2	1.0	24
	3	0.7	14
	4	1.9	67
	5	0.7	5
	6	1.2	34
	7	2.5	27
	8	1.3	16
	9	0.5	5
	10	1.7	17

研究各样区中样点最佳 s 值、最佳 l 值和后向散射系数 σ_{vv}^0 和 σ_{hh}^0 之间的关系，通过多元回归统计，发现最佳 s、最佳 l 与 σ_{vv}^0 和 σ_{vh}^0 之间存在如下关系：

$$\sigma_{vv}^0 = AS+Bl+C \tag{5.1}$$

$$\sigma_{vh}^0 = DS+El+F \tag{5.2}$$

式中，σ_{vv}^0、σ_{vh}^0 为 VV 和 VH 极化方式的后向散射系数，通过反演得到的最佳 s 值和最佳 l 值及后向散射系数进行多元线性回归分析，即可求得式中的经验系数 A、B、C、D、E、F。式（5.1）和式（5.2）联立便可得到每个像元的最佳 s 和最佳 l 取值，这样便可得到基于像元的有效粗糙度，可以有效避免由物理测量的粗糙度误差带来的不确定性，还可以避免忽视地表差异性固定 s 取值带来的有效粗糙度不确定性，从而把寻找大尺度区域的固定 s 值的问题转化为每个像元各自寻找 s 值的问题，从而保证了所有像元区域的反演精度都是最高的，下面通过实验来验证本书提出方法的有效性。

5.1.3 实验验证

在反演区域，首先通过 SAR 影像得到的后向散射系数 σ_{vv}^0、σ_{vh}^0 及式（5.1）和式（5.2）求得影像中各像元的最佳 s 和最佳 l 取值，再利用 LUT 法来反演土壤水分。

选取 2008 年 6 月 19 日和 7 月 5 日的两幅阿柔地区 ASAR 影像，对本书提出的基于像元的有效粗糙度反演方法进行验证，ASAR 影像如图 5.3 所示。阿柔位于八宝河三阶阶地上，是地势平坦的牧场，分别使用本书方法和固定的 s 取值的 LUT 法对选择的 3 个样区进行土壤水分反演，其中固定的 s 取值可根据表 5.4 获得。

图 5.4 为两种方法的土壤水分反演结果，其中图 5.4（a）为 2008 年 6 月 19 日阿柔地区固定 s 取值时 LUT 法的反演结果，图 5.4（b）为 2008 年 6 月 19 日阿柔地区使用本书方法的反演结果，图 5.4（c）为 2008 年 7 月 5 日阿柔地区固定 s 取值时 LUT 法的反演结果，图 5.4（d）为 2008 年 7 月 5 日阿柔地区使用本书方法的反演结果。

(a)阿柔ASAR影像(2008.6.19)　(b)阿柔ASAR影像(2008.7.5)

图 5.3 黑河流域阿柔地区 ASAR 影像

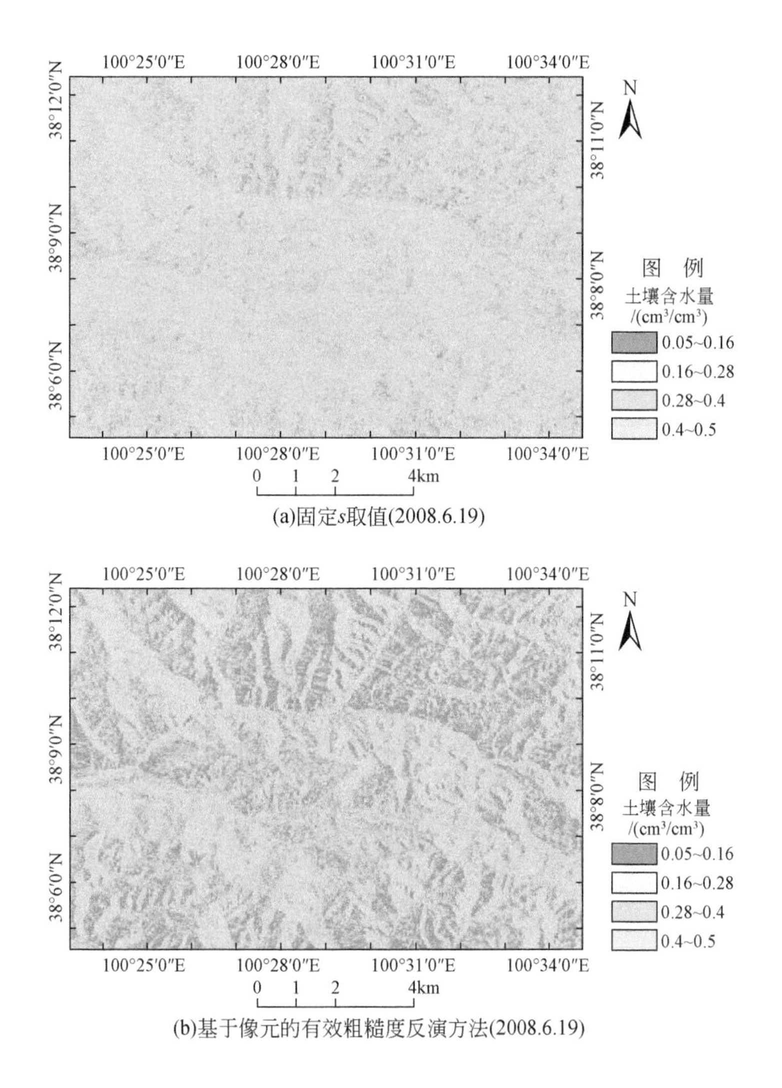

(a)固定s取值(2008.6.19)

(b)基于像元的有效粗糙度反演方法(2008.6.19)

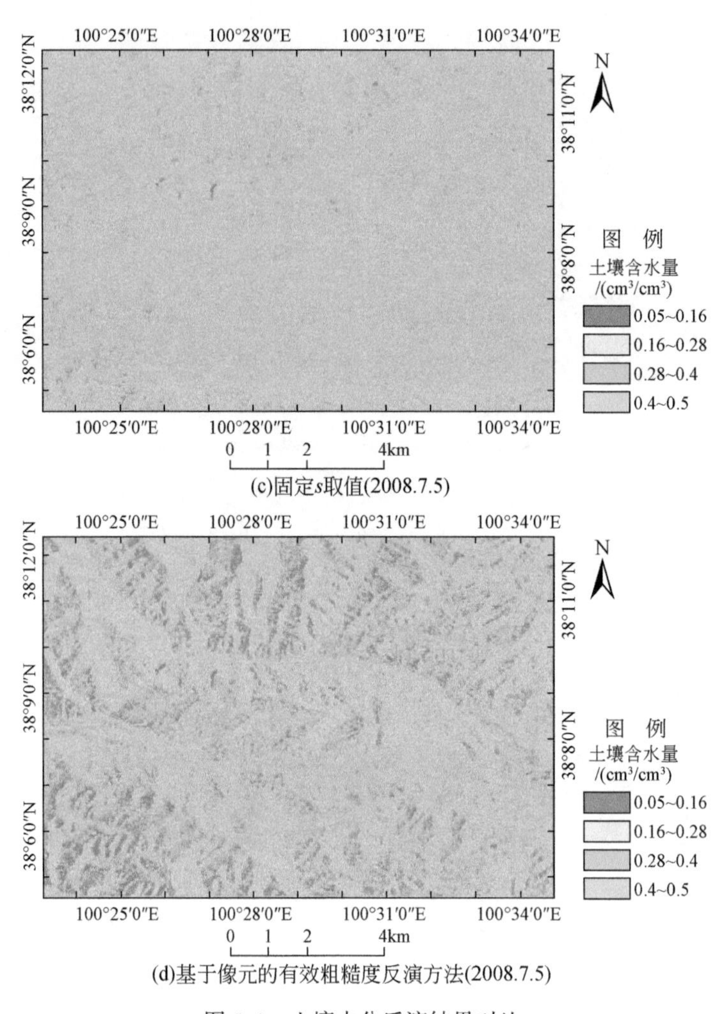

(c)固定s取值(2008.7.5)

(d)基于像元的有效粗糙度反演方法(2008.7.5)

图 5.4　土壤水分反演结果对比

利用样区验证点进行精度验证，表 5.5 给出了两种方法的土壤水分反演值与实测值之间的相关系数 R^2 和 RMSE。验证结果表明，土壤水分反演值与实测值较为一致，反演精度较好。

表 5.5　不同地表类型各种形式的粗糙度参数的反演结果

影像获取时间	固定 s 取值（R^2）	固定 s 取值（RMSE）	新方法（R^2）	新方法（RMSE）
2018. 6. 19	0. 6912	0. 1005	0. 8440	0. 0525
2008. 7. 5	0. 5314	0. 1438	0. 7255	0. 0754

表 5. 5 表明本书提出的基于像元尺度有效粗糙度的 LUT 土壤水分反演方法，相对于固定 s 取值的方法反演精度较高，不但适用于干旱和半干旱地区的裸土地表的土壤水分反演，在植被覆盖程度较高的区域进行土壤水分反演，也可以获得具有较高精度的土壤水分反演结果。

5.1.4　结论

针对现有有效粗糙度反演方法中 s 难以取值的问题，选择干旱半干旱地区常见的几种地表类型，在给定的 s 和 l 范围内，遍历 s 和 l 的所有组合，寻找最接近土壤水分实测值和后向散射系数实测值的最佳有效粗糙度组合。通过大量运算获取了基于像元的最佳粗糙度取值，发现最佳有效 s、l 与后向散射系数之间存在相关性较好的经验函数，以此为基础利用 LUT 方法进行土壤水分反演。经过验证，本书提出的改进的有效粗糙度反演方法精度较高，并能够适用于干旱和半干旱的裸土和植被覆盖地表。

虽然本节提出的改进的有效粗糙度反演方法可以逐像元求得最佳有效粗糙度，能够避免地表差异性带来的不确定性，但是在反演有效粗糙度的过程中仍然需要土壤水分实测值的参与，这依然无法避免土壤水分实测值引起的不确定性。为了解决此问题，在 5.2 小节中提出了不依赖地表实测数据的概率反演方法。

5.2　基于贝叶斯理论的粗糙度概率反演

在本书第4章和本章5.1小节中建立了土壤水分反演模型，通过反演模型的计算可以得到确定的反演结果，属于确定性反演模型，模型的求解是基于野外同步观测的地表参数实测值，而考虑到观测带来的不确定性，为避免影响到反演精度，需要发展一种避免使用任何地表实测数据的反演方法。本书引入贝叶斯概率反演方法应用于粗糙度参数的反演中[155]，该方法充分考虑了参与反演各参数的不确定性，引入蒙特卡罗马尔可夫链算法，采用 MH 采样算法在参数取值范围内进行采样，基于贝叶斯理论得到粗糙度参数的后验概率分布，在此基础上利用边缘概率分布计算得到两个粗糙度参数的分布[155]。

概率反演算法是将反演的参数当成随机变量，由于野外观测和模型本身带来的不确定性，概率反演算法会提供表征反演参数的不确定性的方法[156]。这种概率反演算法已经被 Xu[157]、Hararuk[158]、Liang[159] 和 Hararuk[160] 等成功应用在参数估计和不确定性分析中。粗糙度作为地表土壤中最基本的参数，受环境因素和人为因素的影响，其在空间和时间上都是随机分布的。因此，粗糙度的反演过程充满着各种不确定性，而且用于反演粗糙度的后向散射系数本身就存在着不确定性[161]，所以考虑到 SAR 传感器观测和地表散射传输过程中的不确定性，贝叶斯概率反演可以得到粗糙度的概率分布和反演过程中的不确定性。

5.2.1　贝叶斯概率反演模型原理

贝叶斯概率反演以贝叶斯理论为基础，通过确定随机变量的先验信息和似然函数，获得反演目标的后验估计，下面介绍贝叶斯定理。贝叶斯方法源于 Thomas Bayes 发表于 1763 年的《伦敦皇家学会哲学汇刊》(*Philosophical Transactions of the Royal Society of*

London）的遗作——《论机会学说中一个问题的求解》（*An Essay Towards Solving a Problem in the Doctrine of Chances*），文中根据二项分布的观测值对其参数进行概率推断。之后，经过 Bernoulli、Laplace、Fisher 和 Jeffreys 等的研究，贝叶斯方法的基础理论和基本框架得以完善[155]。

对于事件 A 和 B，已知 $P(B) \neq 0$，贝叶斯定理表述为[162]

$$P(A \mid B) = \frac{P(B \mid A) P(A)}{P(B)} \tag{5.3}$$

式中，$P(A)$ 为事件 A 的先验概率；$P(A \mid B)$ 为给出事件 B 后事件 A 的后验概率；$P(B \mid A)$ 为似然函数。

从贝叶斯理论来看，未来的所有事情、过去的许多不知道的事情，以及现在发生而我们没有掌握全部信息的事情都存在不同程度的不确定性，即使对于明天太阳是否会升起也不是完全确定的，因为它受制于人类认识的局限性。典型的不确定性例子如："明天要下雨。"这个陈述是不确定的，因为天气的变化往往超出人们的预料，甚至对判断下雨的标准也是模糊的。推开窗看看天气，或是打开电视看看天气预报，都会改变人对这个陈述的确信度。不确定性的高低用概率来描述，这样的概率反映的是人的置信度，必然带有主观的成分，因而被称为主观概率。在统计学中，贝叶斯学派和频率学派的核心争论之一就是概率是否含有主观性；前者提出了概率的主观解释，后者则坚持概率的频率解释[155]。

把贝叶斯模型应用于粗糙度反演领域，根据式（5.3），$P(A \mid B)$ 为反演目标的联合后验概率密度函数，$P(A)$ 为反演目标的先验分布，A 代表反演目标集（粗糙度），$P(B)$ 为观测的概率密度函数，B 代表观测数据集（如多极化雷达后向散射系数）[155]。

式（5.3）中，$P(B)$ 可看作归一化因子，通常为常数，那么反演目标的后验概率密度依赖于其先验分布和似然函数。先验分布为各个变量的联合概率分布，在粗糙度反演的实际应用中，通常假设为均匀分布[121]，一方面，在没有任何先验知识的情况下，均匀分布保证了变量或参数样本空间的等概率采样，另一方面，均匀分布容易实现，只需给出其取值范围。

根据后向散射系数的极化差 $\sigma_{vv}^0 - \sigma_{vh}^0$ 与粗糙度之间的关系不受土壤水分影响的特征，使用 ASAR 影像，基于贝叶斯理论构建粗糙度的双参数概率反演算法，得到 s 和 l 的后验概率分布，在此基础上利用边缘概率分布计算得到粗糙度参数的分布，再计算各粗糙度参数的数学期望，得到粗糙度参数的最优估计，以粗糙度参数的方差来量化反演结果的不确定性。

5.2.2 似然函数

似然函数 $P(B \mid A)$ 往往借助于模型模拟与遥感观测的差异来确定，我们通常假设这种差异服从正态分布，因此[121]：

$$P(B \mid A) \propto \exp\left(- \sum_{k=1}^{m} \frac{(B_{k,\mathrm{sim}} - B_{k,\mathrm{obs}})^2}{2\mathrm{var}(B_{k,\mathrm{obs}})} \right) \tag{5.4}$$

式中，$B_{k,\mathrm{obs}}$为第k个极化方式的后向散射系数；$B_{k,\mathrm{sim}}$为正向模型模拟的相应的后向散射系数；$\mathrm{Var}(B_{k,\mathrm{obs}})$为后向散射系数的方差。

为了实现上述代价函数的最小化，引入蒙特卡罗马尔可夫链采样方法进行参数空间采样。

5.2.3　贝叶斯概率反演的思路

本书提出的贝叶斯概率反演算法贝叶斯后验估计的蒙特卡罗马尔可夫链算法和基于代价函数的迭代算法相结合的算法[155]，算法流程图如图5.5所示，具体步骤如下。

（1）全面调查和测量地表各参数，确定它们的取值范围、初始值和分布，这些信息提供了贝叶斯后验估计的先验信息。

（2）使用AIEM和Oh模型，给定输入参数的取值范围和初始值，模拟得到后向散射系数集合。

（3）基于模型的后向散射系数模拟值和雷达影像中所获取的后向散射系数观测值，构建成本函数。

（4）使用M-H算法根据成本函数值接受或拒绝变量值，然后生成新值。

（5）首先得到反演目标参数的后验分布，然后根据后验分布的数学期望和方差得到反演目标的最优估计和不确定性量化。

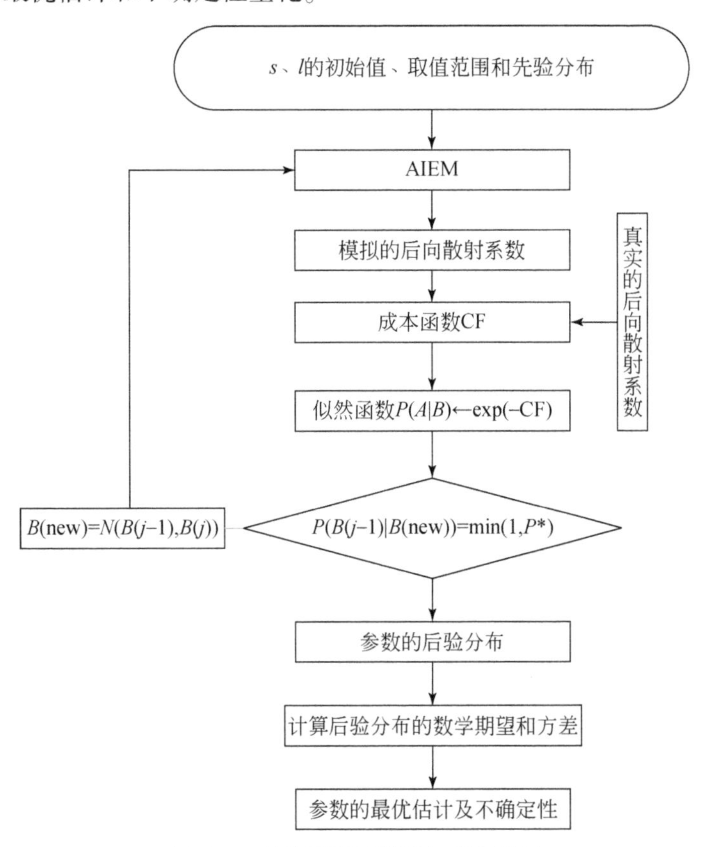

图5.5　贝叶斯概率反演技术流程图

下面为贝叶斯-MCMC 采样算法的步骤。

首先根据 $P(A\mid B)$ 的分布生成新的变量或参数集 A^{new}：

$$A^{\text{new}}=A^{j-1}+r(A^{\max}-A^{\min})/D \tag{5.5}$$

式中，r 为-0.5～0.5 的随机数；D 为控制移动步长的因子；$A^{\max}$和 $A^{\min}$分别为目标变量或参数的上下界，根据如下概率接受或拒绝上述样本：

$$P(B^{j-1}\mid A^{\text{new}})=\min\left(1,\frac{p(B\mid A^{\text{new}})p(A^{\text{new}})}{p(B\mid A^{j-1})p(A^{j-1})}\right) \tag{5.6}$$

在计算得到反演目标的后验概率分布 $P(A\mid B)$ 的基础上，利用边缘概率分布计算得到每个变量或参数的分布[155]：

$$P(A_i\mid B)=\int p(A\mid B)\,\mathrm{d}A_1\mathrm{d}A_2\cdots\mathrm{d}A_{i-1}\mathrm{d}A_{i+1}\cdots\mathrm{d}A_k \tag{5.7}$$

最后，通过反演变量的期望 $E(A_i)$ 及其方差 $\mathrm{Var}(A_i)$ 来分别代表反演变量的最优估计值和不确定性的度量。

$$E(A_i)=\int A_i p(A_i\mid B)\,\mathrm{d}A_i \tag{5.8}$$

$$\mathrm{Var}(A_i)=\int[A_i-E(A_i)]^2 p(A_i\mid B)\,\mathrm{d}A_i \tag{5.9}$$

5.2.4 反演实验

设计了针对裸土地表的粗糙度概率反演。选用了一幅 ASAR 影像进行实验，影像获取时间为 2008 年 7 月 11 号，反演区域位于临泽样区（图 4.8），并利用来自 WATER 项目观测的土壤水分进行了结果的验证。

通过统计大量的观测数据对粗糙度（s，l）的取值范围和初值进行了调查。具体各参数的取值范围如表 3.4 中的一样，初值做如下设置，s 的初值为 1.2cm，l 的初值为 18cm。使用 5.2.3 小节中的贝叶斯概率反演方法得到各个反演参数（s，l）的联合后验概率分布，再利用边缘概率分布计算得到各个反演参数的分布，由各反演变量的数学期望代表该反演变量的最优估计值，从而得到反演的粗糙度参数。

5.2.5 结论与分析

1. 反演结果

图 5.6（a）和图 5.6（b）分别是反演得到的 s 和 l 的频数分布直方图，图 5.6（c）为结合得到的粗糙度使用 LUT 法反演土壤水分的结果。

从图 5.6 中可以看出，该像元的 s 呈现正偏态分布，l 呈现负偏态分布。同时可以看出，s 呈现双峰分布。通过计算方差，得到 s 的不确定性为 0.33，l 的不确定性为 7.42，说明该项元的 s 的反演结果要优于 l。由后验概率分布的数学期望得到的最优估计就可以看出，s 的最优估计和实测值最接近。

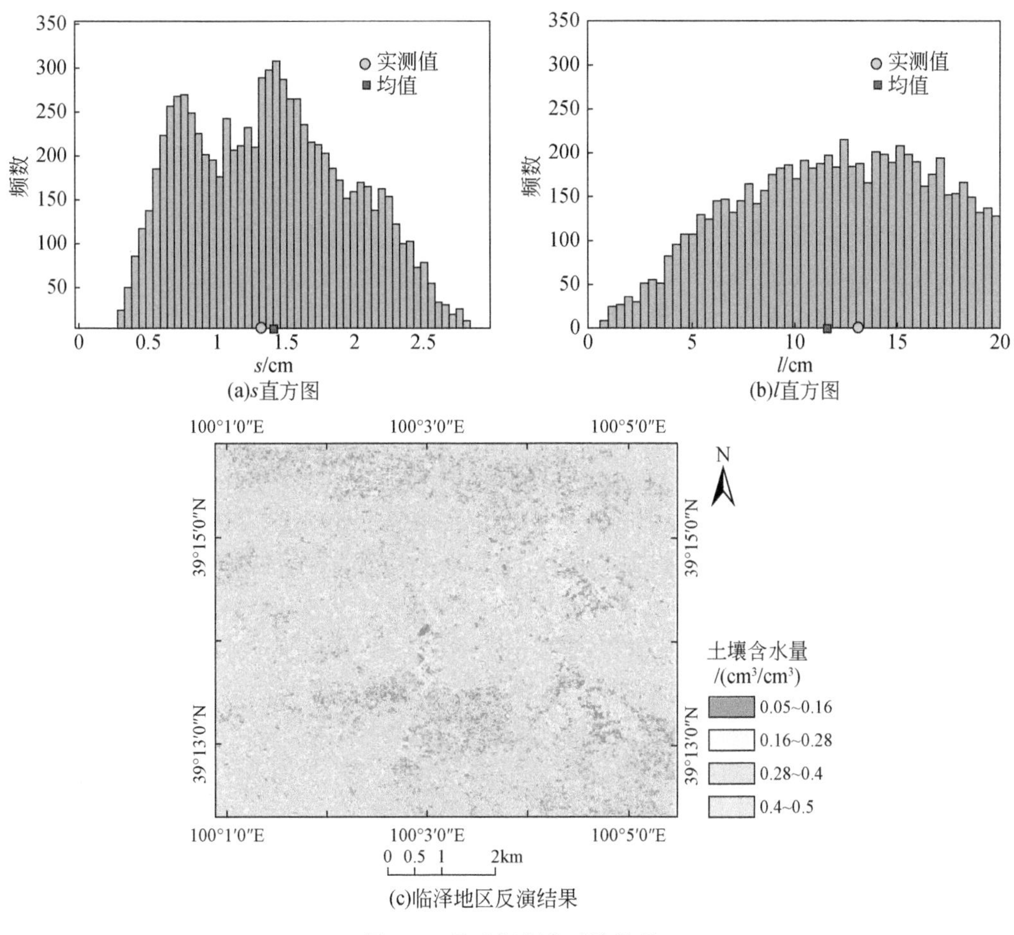

(a)s直方图　(b)l直方图

(c)临泽地区反演结果

图5.6　贝叶斯概率反演结果

2. 结果验证

用获取的粗糙度值代替实测值，根据LUT土壤水分反演方法，选取WATER同步观测的土壤水分实测数据作为验证数据，图5.7显示了反演结果与实测值的散点图。

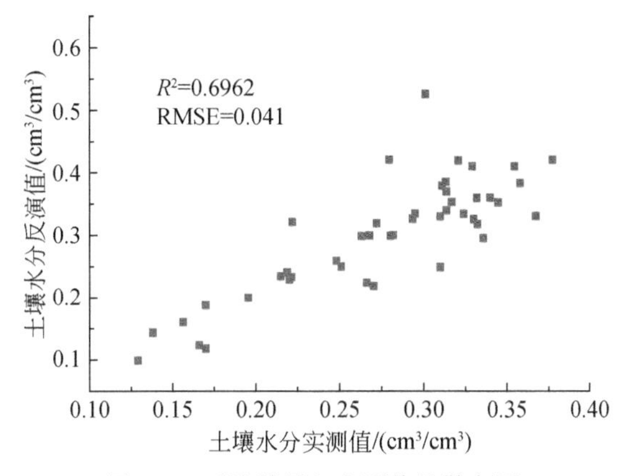

图5.7　反演结果与实测值的散点图

可以看出，使用贝叶斯概率反演算法得到的粗糙度参数再进行土壤水分反演，反演结果的 RMSE 为 0.041 m^3/m^3，相关系数为 0.6962。总体来看，反演的土壤水分和实测值具有很好的一致性，表明本书引入的贝叶斯概率反演算法在不使用任何实测地表数据的情况下，仍然可以得到精度较高的结果。

5.3　各种土壤水分方法对比分析

在第 4 章和第 5 章中，本书一共提出了 3 种土壤水分反演方法：基于组合粗糙度和地表差异性的土壤水分反演方法（记为方法 a），基于有效粗糙度的土壤水分反演方法（记为方法 b），基于像元尺度粗糙度的土壤水分反演方法（记为方法 c）。为了验证这三种方法在不同区域的适用性和有效性，本小节选择两幅不同地区的高分辨率 SAR 影像，包括 2008 年 7 月 11 号的临泽地区 ASAR 影像，2008 年 6 月 19 号的阿柔地区 ASAR 影像。分别使用这三种方法对两幅影像进行土壤水分反演，与目前土壤水分反演领域较为常用的非线性多元回归和 LUT 表这两种方法的反演结果进行对比。除了相关系数 R^2 和均方根误差 RMSE，本小节还使用了平均相对误差（MRE）、平均绝对误差（MAE）和一致性指数（IA）来进行精度评价。临泽地区的反演结果如图 5.8 所示。

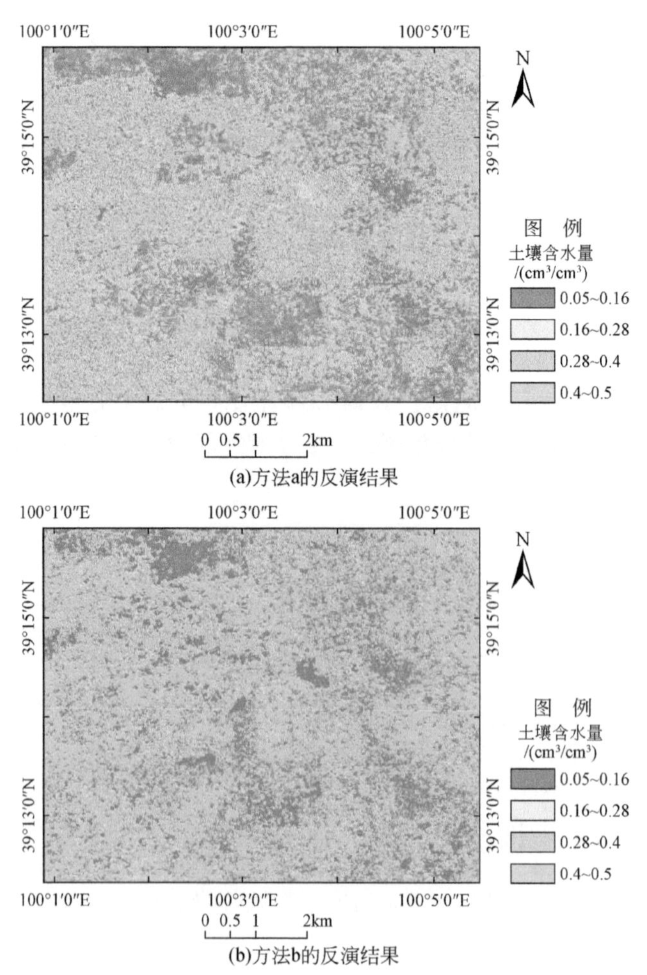

(a)方法a的反演结果

(b)方法b的反演结果

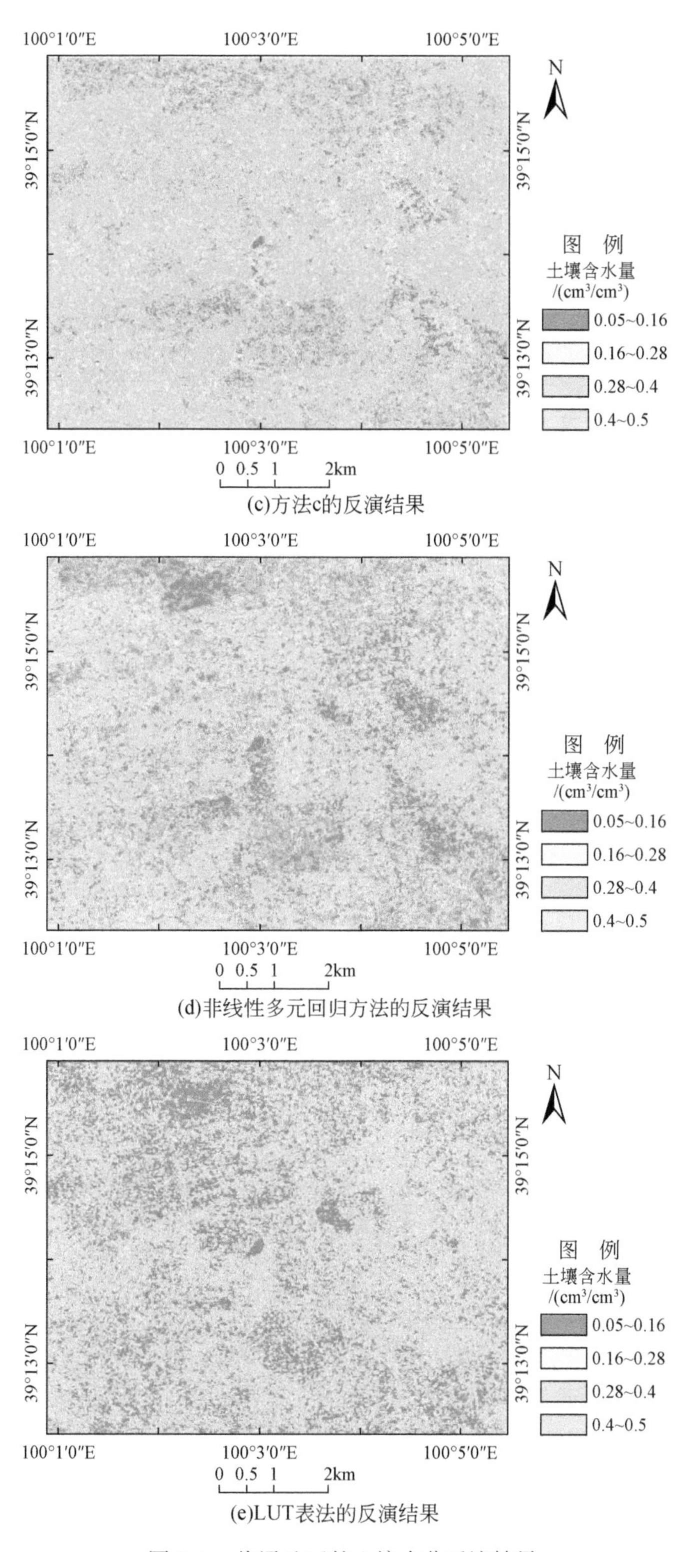

(c)方法c的反演结果

(d)非线性多元回归方法的反演结果

(e)LUT表法的反演结果

图 5.8　临泽地区的土壤水分反演结果

阿柔地区的反演结果如图 5.9 所示。

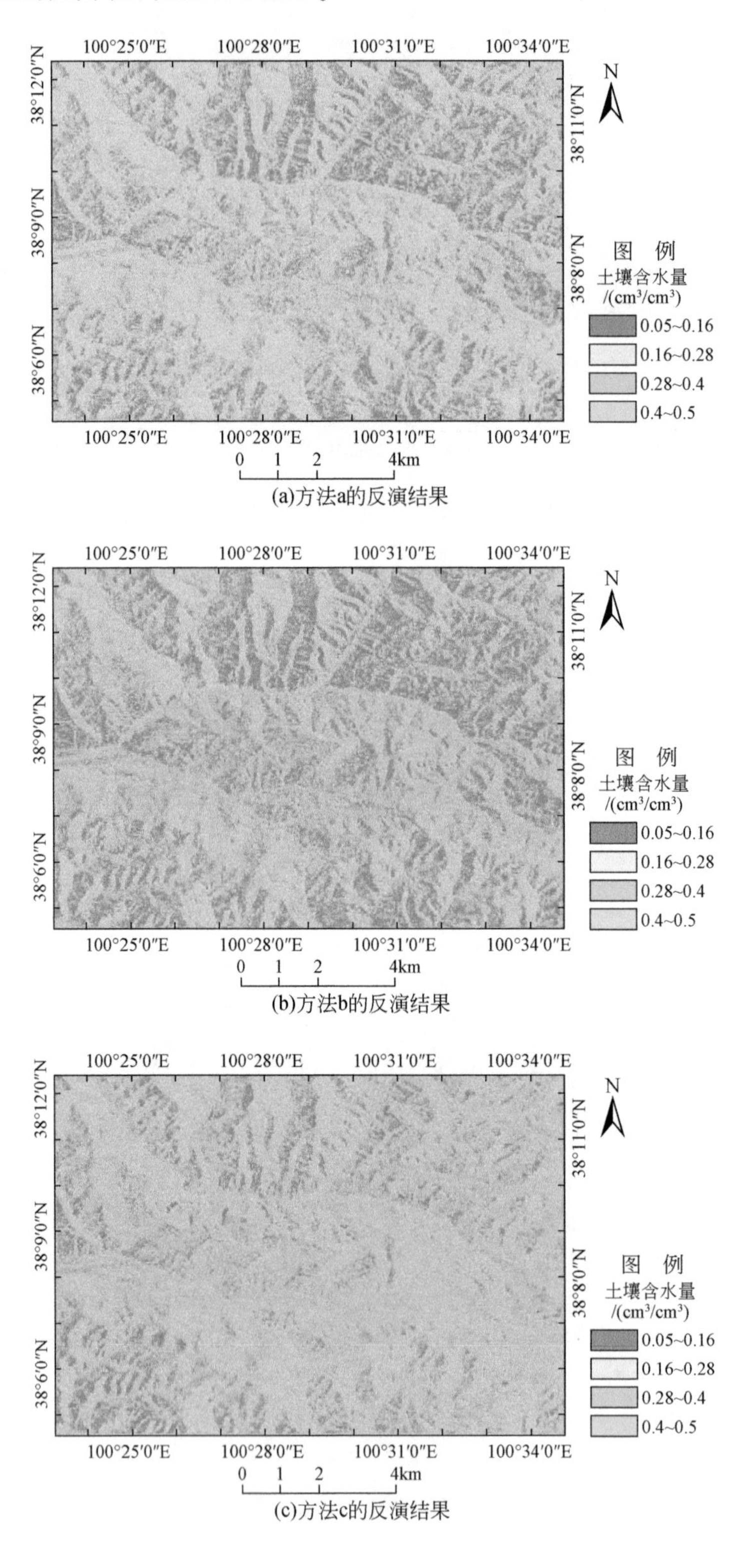

(a)方法a的反演结果

(b)方法b的反演结果

(c)方法c的反演结果

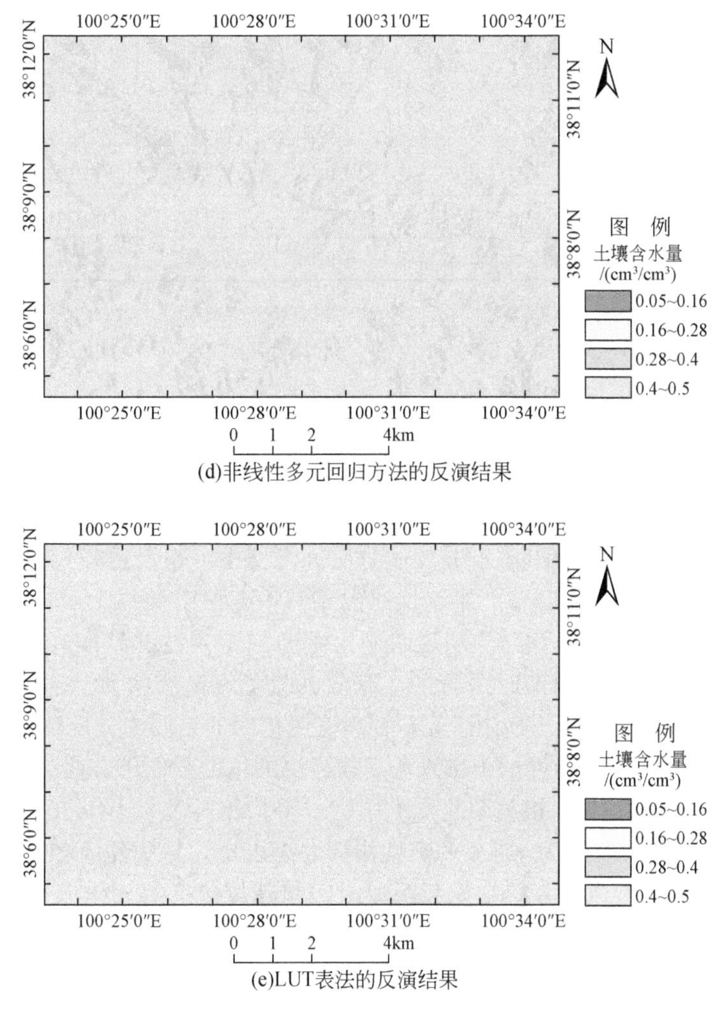

(d)非线性多元回归方法的反演结果

(e)LUT表法的反演结果

图 5.9　阿柔地区的土壤水分反演结果

各种方法的精度评价见表 5.6。

表 5.6　各种方法的精度评价

序号	反演区域	反演算法	R^2	RMSE	MRE	MAE	IA
1	临泽	方法 a	0.7942	0.0285	0.2022	0.0207	0.8680
2		方法 b	0.8012	0.0492	0.2617	0.0398	0.8773
3		方法 c	0.6962	0.0410	0.2854	0.0301	0.8611
4		非线性多元回归	0.7075	0.0322	0.1877	0.0212	0.8688
5		LUT 表法	0.5984	0.0729	0.3458	0.0608	0.7702

续表

序号	反演区域	反演算法	R^2	RMSE	MRE	MAE	IA
6	阿柔	方法 a	0.7639	0.0312	0.1717	0.0254	0.8711
7		方法 b	0.8440	0.0525	0.2724	0.0431	0.8870
8		方法 c	0.7355	0.0436	0.2108	0.0302	0.8655
9		非线性多元回归	0.7542	0.0308	0.1521	0.0241	0.8681
10		LUT 表法	0.6234	0.0701	0.3852	0.0547	0.7827

由表 5.6 可知，本书所提出的 3 种方法与常用的非线性多元回归和 LUT 表法对比。

（1）基于组合粗糙度和地表差异性的土壤水分反演方法（方法 a）的相关系数较好，都大于 0.75，平均相对误差接近 20%，平均绝对误差和均方根误差约为 2% 和 3%，一致性指数大于 0.85。由于该方法需要反演区域内有多个样区，强烈依赖地表实测数据，所以该方法适用于采样区和样本点较多时的土壤水分反演。

（2）基于有效粗糙度的土壤水分反演方法（方法 b）精度也较好，相关系数都大于 0.8，平均相对误差接近 25%，平均绝对误差和均方根误差约为 4% 和 5%，一致性指数大于 0.85。该方法的反演结果精度明显比传统 LUT 表法的精度好，且使用最佳有效粗糙度代替粗糙度的实测值时可行的，有效去除了粗糙度实测值带来的不确定性。该方法依赖土壤水分实测值，适用于无粗糙度实测值时的土壤水分反演。

（3）基于像元尺度粗糙度的土壤水分反演方法的精度要低于方法 a 和方法 b，但是精度高于传统的 LUT 表法，相关系数大于 0.69，平均相对误差小于 30%，平均绝对误差小于 3%，均方根误差约为 4%，一致性指数大于 0.85。该方法不依赖地表参数实测值，但需要有粗糙度参数的先验知识和两幅时间间隔较接近的 SAR 影像，适用于无地表参数实测值时的土壤水分反演。

5.4 本 章 小 结

本章针对粗糙度实测值引入的不确定性问题，首先构建了最佳有效 s、l 与后向散射系数之间的经验函数，以此为基础利用 LUT 方法进行土壤水分反演。经过验证，提出的新方法的反演精度较高，并能够适用于裸土和低矮植被覆盖地表；然后为了避免土壤水分实测值引入的不确定性，采用贝叶斯概率反演方法，开展了基于粗糙度的概率反演试验。反演过程采用蒙特卡罗马尔可夫链进行参数的采样，并采用 M-H 迭代优化算法最小化 AIEM 和 Oh 模型的正向模拟与 ASAR 实测后向散射系数所构建的代价函数。通过开展粗糙度反演试验，采用贝叶斯概率反演构造了粗糙度的后验概率分布，利用概率反演得到的像元尺度粗糙度，结合 LUT 法反演土壤水分，土壤水分的反演验证结果表明，本书提出的基于像元尺度粗糙度的贝叶斯概率反演算法很好地去除了粗糙度参数引入到反演过程中的不确定性。

第6章　土壤水分反演的不确定性分析

本书第4章和第5章主要提出了3种不同的土壤水分反演方法，其中贝叶斯概率反演算法的反演结果已经带有量化的不确定性，本章主要针对粗糙度参数（包括 s、l 和组合粗糙度）在土壤水分反演过程中的参数不确定性进行分析。几种理论模型的不确定性评价在前人文献中已有论述[112]，本章不再赘述。本章主要内容包括评估反演方法对粗糙度参数不确定性的响应，使用模拟数据和实测数据分别对粗糙度参数在土壤水分反演过程中的不确定性进行分析。

6.1　不确定性分析的内容

6.1.1　试验方案

1. 模拟数据实验

在实际情况下，地表参数仅在某种有限的动态范围内变化，很难同时捕捉到地表参数有效范围内的所有观测值。鉴于此，我们首先开展模拟数据实验，分析流程如图6.1。

（1）用同一套地表及雷达配置参数作为 AIEM 输入，得到与输入数据对应的后向散射系数。将 AIEM 的输入参数和模拟的后向散射系数作为测试数据，使用土壤水分反演方法对模拟的后向散射系数进行反演，对比分析土壤水分反演结果，把反演结果与 AIEM 输入的土壤水分值之间的 RMSE 作为评判标准。在模拟数据试验中，分别设置不同的土壤水分和粗糙度范围，观察反演方法获得的土壤水分对各参与反演的参数变化的响应，从而判断反演方法的性能。

（2）根据 WATER 项目提供的采样数据，统计分析各参数的取值范围，在取值范围内进行采样，仅对 s 和 l 做采样，取值范围和步长参考表3.4。

（3）为了考察反演结果的分布对参数范围变化的响应，根据各参数的标定值和不同标准方差产生不同量级的高斯噪声，对各参数的取值进行随机扰动，每个量级得到1000个带噪声的采样值，输入 AIEM 中得到带噪声的后向散射系数集合。

（4）通过反演方法反演得到 M_v，计算得到反演结果与土壤水分输入值的 RMSE 和标准方差，研究土壤水分反演 RMSE 对各影响参数的响应特征。

2. 实测数据实验

实测数据试验采用 WATER 的2008年7月11日的 ASAR 影像及同期的临泽样区98组地面样方观测数据，为了对组合粗糙度参数的不确定性进行分析，使用基于组合粗

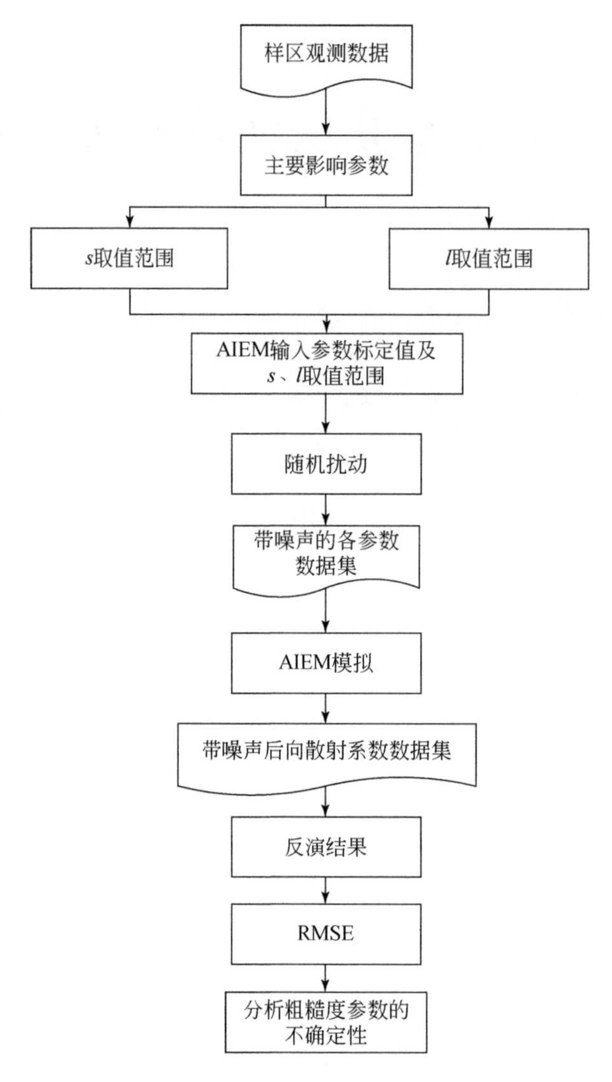

图 6.1　不确定性分析流程图

糙度的土壤水分反演经验方程对 ASAR 影像临泽样区进行土壤水分反演，用土壤水分同步观测值与反演值进行对比。

6.1.2　参数标定

对于不同样区，地表参数的取值不尽相同，为方便研究，有必要对 AIEM 的主要输入参数的取值进行统一标定。为尽量贴近试验实测数据，地表土壤有效温度取实测土壤温度平均值 st = 24℃；土壤质地参数取值根据“黑河流域 HWSD 土壤质地数据集”中临泽地区砂土和黏土比例的平均值来确定，sv = 24%，cv = 32%；$\theta = 30°$；$s = 1.4\text{cm}$，$l = 20\text{cm}$；$M_v = 30\%$，见表 6.1。

表6.1　AIEM参数的标定值

模型参数	标定值
s/cm	1.4
l/cm	20
M_v/%	30
θ/(°)	30
st/℃	22
sv/%	24
cv/%	32

6.2　粗糙度不确定性分析实验

6.2.1　模拟数据实验

为了定量描述土壤水分反演过程中s和l这两个参数的不确定性，以表6.1中的各参数的标定值为期望，不同参数使用不同标准差形成噪声量级：s(0.01cm，0.02cm，0.03cm，0.04cm，0.05cm，0.07cm，0.09cm，0.1cm)，l(0.2cm，0.4cm，0.6cm，0.8cm，1cm，2cm，3cm，4cm)，每个噪声量级生成1000个加入高斯噪声的模型参数集合。图6.2为s加入量级为0.03的高斯噪声后得到的带噪声集合的直方图。将该参数集合输入AIEM中得到后向散射系数的模拟集合，然后分别利用8种方法反演土壤水分M_v，计算土壤水分的RMSE和方差，并通过响应曲线研究各主要影响因子对土壤水分反演的影响。

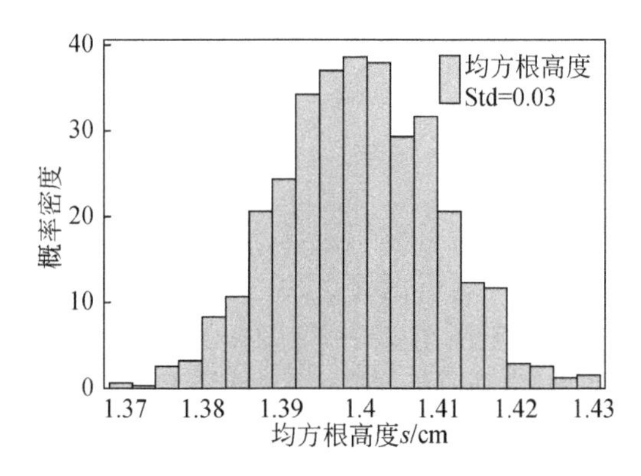

图6.2　带高斯噪声（Std=0.03）的s直方图

由图6.2可以看出，加入不同量级的高斯噪声进行随机扰动后的参数数值的分布符合正态分布。

将带不同量级噪声的参数 s 集合输入到 AIEM 中，其他参数使用表 6.1 中的标定值，可得到带参数 s 噪声的模拟后向散射系数集合，然后利用不同方法反演土壤水分，计算土壤水分反演值的 RMSE，图 6.3 为带不同噪声量级的 s 参数对土壤水分反演结果的 RMSE 响应折线。

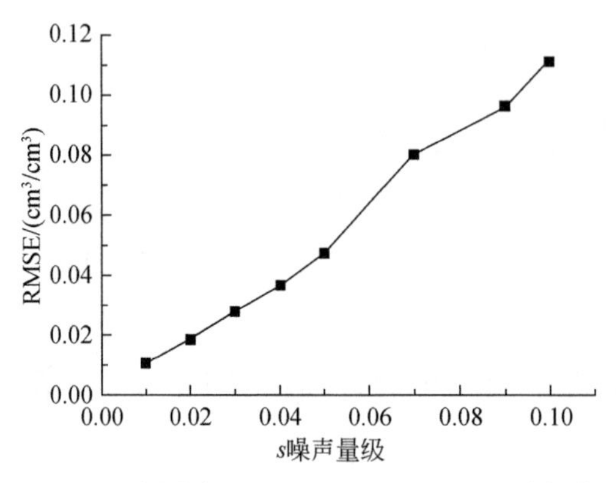

图 6.3　不同噪声量级 s 对 M_v 的 RMSE 响应折线

使用同样的方法可以得到带不同噪声量级的 l 参数对土壤水分反演结果的 RMSE 响应折线，如图 6.4 所示。

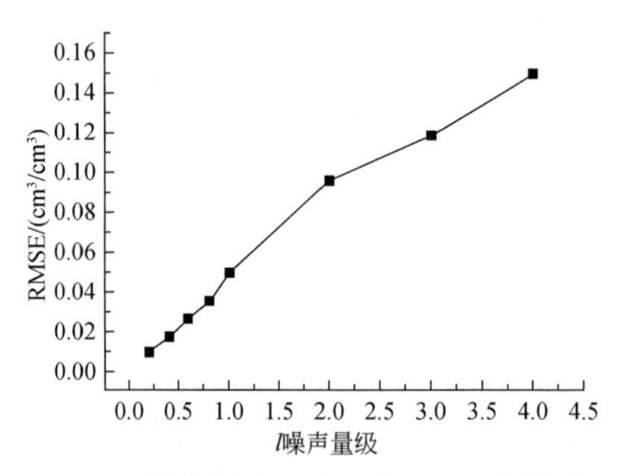

图 6.4　不同噪声量级 l 对 M_v 的 RMSE 响应折线

基于 SAR 的土壤水分反演一般是在给定雷达入射角范围的情况下进行，由图 6.3 和图 6.4 可以看出，在 $\theta = 30°$ 的情况下，以 SMOS 土壤水分产品的精度 RMSE = $0.04 cm^3/cm^3$ 为标准，s 的误差量级至少要控制在 0.04（即标定值的 8%）以内，才能满足土壤水分反演精度的要求；同样，l 的误差量级至少要控制在 0.8（即标定值的 12%）以内。计算 s 和 l 这两个参数不同噪声量级集合的方差，并计算带不同量级噪声的参数集合反演得到的土壤水分的方差，见表 6.2。

表 6.2　反演土壤水分不确定性量化统计

模型参数	噪声量级（标准差）	参数方差	土壤水分方差
s	0.01	0.00010	0.00011
	0.02	0.00038	0.00046
	0.03	0.00090	0.00079
	0.04	0.00162	0.00140
	0.05	0.00240	0.00237
	0.07	0.00493	0.00662
	0.09	0.00767	0.00923
	0.1	0.01012	0.01214
l	0.2	0.03988	0.00008
	0.4	0.15196	0.00038
	0.6	0.36953	0.00069
	0.8	0.66874	0.00126
	1	1.06668	0.00249
	2	4.07782	0.00932
	3	8.51933	0.01517
	4	16.23105	0.02241

由表6.2可以看出，随着各参数噪声量级和参数集合方差的增大，根据各参数集合反演的土壤水分方差也随之增大，其中基于带噪声的参数 s 反演的土壤水分的方差变动幅度最为明显，说明由参数 s 的不确定性引起的土壤水分反演的不确定性最大，而由 l 的不确定性引起的土壤水分反演的不确定性则相对较小。

以上结论是在给定 $\theta=30°$ 的情况下的研究，而 θ 的变化对土壤水分反演精度有较大的影响，为定量描述不同 θ 情形下敏感性参数在反演中的不确定性，分别取 $\theta=10°$、20°、30°、40°、50°，共5个值，以表6.1中的各参数的标定值为期望，不同参数使用不同标准差形成噪声量级：s（0.01，0.02，0.03，0.04，0.05，0.07，0.09，0.1），l（0.2，0.4，0.6，0.8，1，2，3，4），θ（0.2，0.4，0.6，0.8，1，2，3，4），每个噪声量级生成1000个加入高斯噪声的模型参数集合。使用上述方法将带不同量级噪声的参数 s 集合输入到 AIEM 中，利用 LUT 法反演土壤水分，计算土壤水分反演值的 RMSE，图6.5为不同 θ 情形下带不同量级噪声的敏感性参数对土壤水分反演结果的 RMSE 响应折线，由图6.5可以看出，s 的噪声干扰在小雷达入射角时对土壤水分反演结果的影响比大雷达入射角时弱。同样，l 的噪声干扰对土壤水分反演也有相似的影响，即随 θ 的增大，l 的噪声干扰对土壤水分反演结果的影响也逐渐增大。

6.2.2　实测数据实验

为定量研究土壤水分反演中组合粗糙度参数的不确定性，选取了2008年7月11日

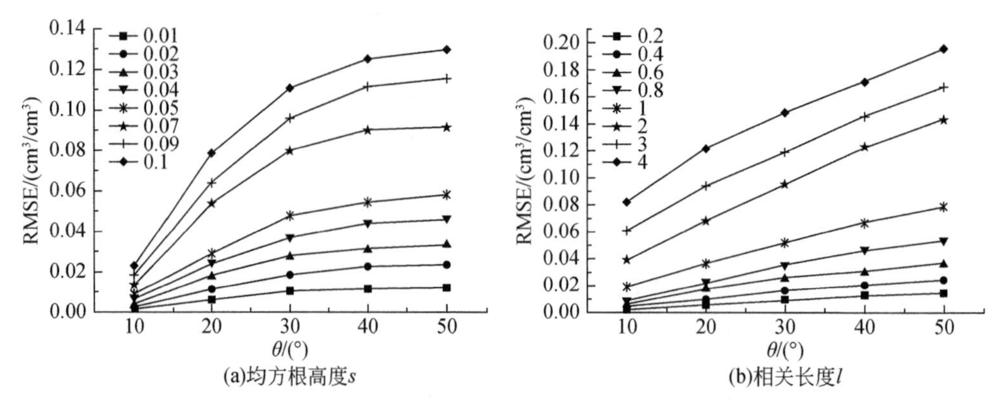

图 6.5　不同 θ 下不同误差量级参数时 M_v 的 RMSE 响应折线

的 ASAR 影像及同期的 98 组地面样方观测数据，包括土壤水分 M_v、均方根高度 s 和相关长度 l。

为验证本小节实验结果，选取 2007 年 10 月 17 日、2007 年 10 月 18 日和 2008 年 5 月 24 日、2008 年 7 月 5 日、2008 年 7 月 11 日一共 5 幅 ASAR 影像及同期的 305 组地面样方观测数据。研究样区位于甘肃省黑河中游的临泽样地和黑河上游的青海省阿柔样地，其中临泽样地较为平坦，选择了两个 360m×360m 的样区 D、E，样点间距为 60m，样区 D 地表类型是苜蓿，样区 E 地表类型是大麦地。阿柔样地位于八宝河阶地上，地势平坦，植被覆盖为草地，选择了两个 90m×90m 的样方，样点间距为 30m。阿柔地区年平均气温为 1℃，年降水量为 0～420mm，属于典型的高原大陆性气候。

选用 ESA 的 ENVISAT-1 卫星上 ASAR 传感器获取的 SAR 影像作为土壤水分反演的数据源，选取了包含临泽地区的 2008 年 5 月 24 日、2008 年 7 月 11 日和包含阿柔地区的 2007 年 10 月 17 日、2007 年 10 月 18 日、2008 年 7 月 5 日一共 5 幅 ASAR 数据，入射波段为 C 波段（f=5.331GHz），经度范围为（99°28′E，100°43′E），纬度范围为（38°42′N，39°48′N），空间分辨率为 12.5m×12.5m，工作模式为 Alternating Polarization，极化方式为 VV 和 VH 两种。

选择的 ASAR 影像获取时间为 2008 年 7 月 11 日上午 11 时 26 分（北京时间），使用针式温度计获得各样点 0～5cm 的平均土壤温度，地表土壤有效温度取土壤温度平均值 st=22.23℃；土壤质地参数取值根据“黑河流域 HWSD 土壤质地数据集”中临泽地区砂土和黏土比例的平均值来确定，sv=24%，cv=32%；雷达入射角归一化为 θ=33.5°。

在土壤水分的反演研究中现有的 Z_s 形式有多种[138-142]，本书在第 4 章中也基于像元尺度的粗糙度建立了新的组合粗糙度。表 6.3 为样区中不同形式的 Z_s 统计分析表。

表 6.3　样区中不同形式的 Z_s 统计分析

Z_s	均值	最大值	最小值	偏度
$Z_s=S^3/l^2$	0.0075	0.0274	0.0014	1.7085

续表

Z_s	均值	最大值	最小值	偏度
$Z_s=S^2/l$	0.0961	0.196	0.0436	0.8530
第 4 章 Z_s	0.3049	0.4427	0.2087	0.4010
$Z_s=S^3/l$	0.1346	0.2744	0.0610	0.8530

从表 6.3 中可以看出，本书在第 4 章中建立的新组合粗糙度数值分布范围较大，分布较为均匀，而且与另外三种形式组合粗糙度相比，本书 Z_s 参数值的偏度较小，取值的分布更接近正态分布，所以选择本书 Z_s 的形式来表示组合粗糙度。

选取临泽地区的两个样区 D、E，其中样区 D 土壤水分较高，$M_v \in (31.5\%, 49.9\%)$，而样区 E 中土壤水分较低，$M_v \in (13.4\%, 23.3\%)$。利用临泽样区 D、E 中 98 个采样点的土壤水分实测数据，将 s 固定为 1.4cm，结合同期 ASAR 影像中的后向散射数据，使用 Rahman 的 LUT 法反演得到采样点相应的有效相关长度，以此代替原始实测的相关长度，然后根据本书 Z_s 计算各采样点的有效组合粗糙度。

以各样区采样点的组合粗糙度中值为期望，标准差从小到大设置 8 个不同量级：0.01、0.015、0.02、0.025、0.03、0.035、0.04、0.045，每个量级生成 1000 个加入高斯噪声的组合粗糙度集合。图 6.6 为样区 E 加入量级为 0.03 高斯噪声后得到的 Z_s 直方图。分析 Z_s 的采样值，使用偏度、峰度和四分位距量化 Z_s 参数的不确定性。表 6.4 为各样区 Z_s 采样值的不确定性量化统计。

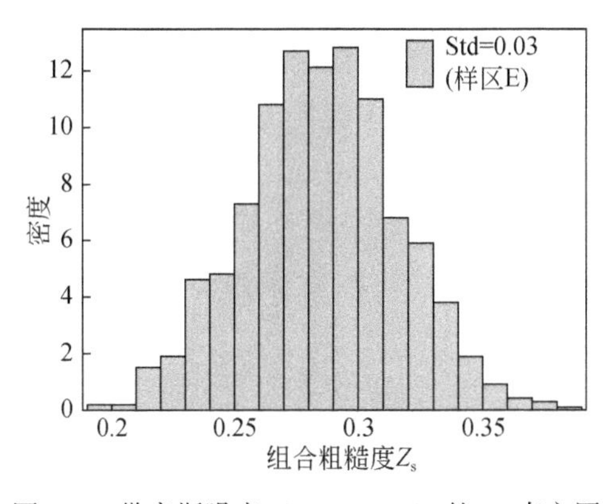

图 6.6 带高斯噪声（Std=0.03）的 Z_s 直方图

表 6.4 带不同量级高斯噪声 Z_s 的不确定性量化统计

样区	噪声量级（标准差）	中值/cm	峰度	偏度	四分位距
样区 D	0.01	0.2601	−0.0021	−0.0525	0.0140
	0.015	0.2598	−0.0687	−0.0076	0.0203
	0.02	0.2597	−0.2262	0.0813	0.0276
	0.025	0.2594	−0.0580	0.0703	0.0350

续表

样区	噪声量级（标准差）	中值/cm	峰度	偏度	四分位距
样区 D	0.03	0.2597	-0.1405	-0.0238	0.0393
	0.035	0.2604	0.0249	-0.1222	0.0466
	0.04	0.2619	0.0917	0.0269	0.0525
	0.045	0.2594	0.0085	0.0374	0.0604
样区 E	0.01	0.2866	-0.2475	-0.0902	0.0144
	0.015	0.2854	0.1039	0.1754	0.0201
	0.02	0.2858	0.0518	0.0238	0.0270
	0.025	0.2868	0.2010	0.0502	0.0337
	0.03	0.2852	-0.0823	0.0317	0.0409
	0.035	0.2847	0.1743	-0.0084	0.0450
	0.04	0.2849	0.0206	0.0548	0.0528
	0.045	0.2870	-0.0515	-0.0309	0.0622

由表6.4可以看出，加入不同量级高斯噪声进行随机扰动后的 Z_s 数值的分布基本上符合正态分布。

利用样区D中采样点的有效 Z_s，结合同期ASAR影像中采样点的 σ_{pq}^0 可以构建如下非线性经验方程：

$$\sigma_{vv}^0 = 13.512\ln Z_s + 7.0243 \tag{6.1}$$

$R^2=0.98$，式中，σ_{vv}^0 为VV极化后向散射系数。

同样，样区E中采样点的 Z_s 也可构建如下经验方程：

$$\sigma_{vv}^0 = 12.319\ln Z_s + 3.4816 \tag{6.2}$$

$R^2=0.97$，将各样区中加入不同量级高斯噪声的 Z_s 采样值分别代入到式（6.1）和式（6.2）中，得到 Z_s 对应的后向散射系数 σ_{vv}^0，然后利用 Z_s、σ_{vv}^0 来反演土壤水分。

构建临泽样区D的土壤水分反演经验方程，分析各样区有效 Z_s、实测土壤水分，并结合同期ASAR影像中得到的后向散射系数，得到适用于样区D的土壤水分反演经验方程：

$$\sigma_{vv}^0 = 3.10693\ln M_v + 14.08189\ln Z_s + 10.71639 \tag{6.3}$$

$R^2=0.99$，同样，样区E也可以构建如下土壤水分反演经验方程：

$$\sigma_{vv}^0 = 2.70720\ln M_v + 12.81281\ln Z_s + 8.55339 \tag{6.4}$$

$R^2=0.98$，把加入不同量级高斯噪声的 Z_s 采样值、对应的 σ_{vv}^0，分别代入到式（6.3）和式（6.4）中，得到反演的土壤水分。图6.7为土壤水分反演结果的直方图。

分析土壤水分反演结果，使用偏度、峰度和四分位距量化土壤水分反演结果的不确定性。表6.5为土壤水分反演结果的不确定性量化统计。

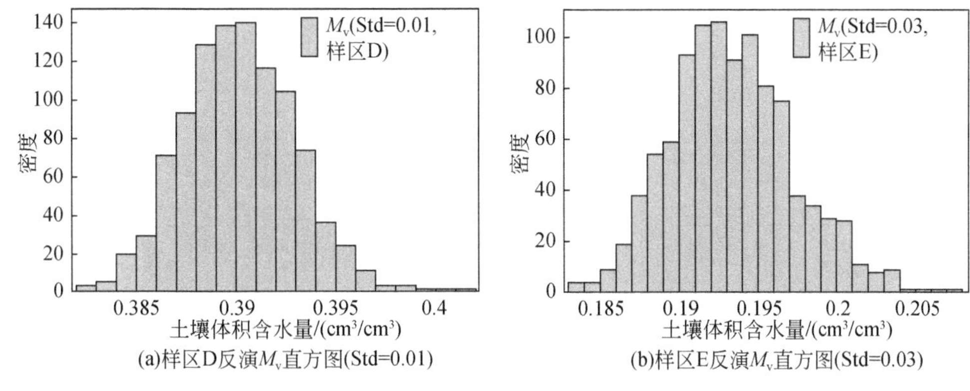

图6.7　土壤水分反演结果的直方图

表6.5　反演土壤水分不确定性量化统计

样区	噪声量级（标准差）	中值/cm	峰度	偏度	四分位距
样区D	0.01	0.3901	0.1157	0.1926	0.0039
	0.015	0.3902	-0.0191	0.2068	0.0056
	0.02	0.3902	-0.1261	0.1677	0.0076
	0.025	0.3903	0.2613	0.2849	0.0096
	0.03	0.3902	0.1655	0.4135	0.0109
	0.035	0.3900	0.8019	0.6583	0.0128
	0.04	0.3896	0.8234	0.5938	0.0145
	0.045	0.3903	1.2501	0.6791	0.0167
样区E	0.01	0.1929	-0.1984	0.2034	0.0018
	0.015	0.1931	0.0971	0.0191	0.0025
	0.02	0.1930	0.1954	0.2410	0.0033
	0.025	0.1929	0.4067	0.3084	0.0041
	0.03	0.1931	0.0766	0.3403	0.0051
	0.035	0.1932	0.6807	0.5092	0.0056
	0.04	0.1931	0.5589	0.4892	0.0066
	0.045	0.1929	0.4850	0.6059	0.0077

6.2.3　对比分析

图6.8为样区D、E中各采样点的组合粗糙度在不同量级的随机扰动下，土壤水分反演结果的不确定性量化指标响应折线，其中图6.8（a）和图6.8（d）为峰度比较，图6.8（b）和图6.8（e）为偏度比较，图6.8（c）和图6.8（f）为四分位距比较。

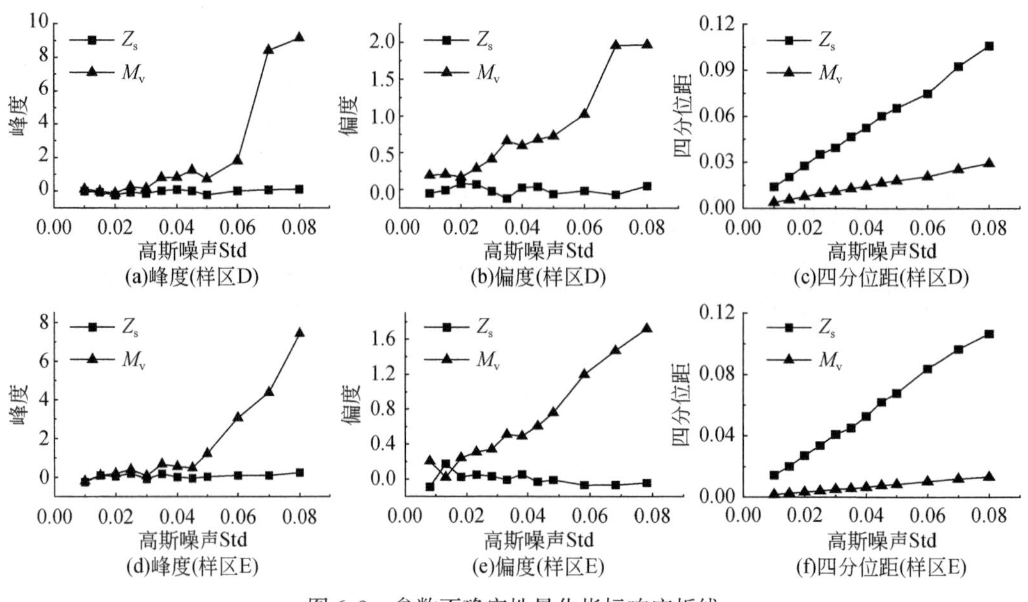

图 6.8　参数不确定性量化指标响应折线

从表 6.5 和图 6.8 中可以看出，由于 Z_s 采样值在不同量级的随机扰动下都符合正态分布，所以随着 Z_s 加入的高斯噪声量级的增大，其偏度和峰度并无明显变化，取值都趋近于 0。而反演土壤水分的峰度随高斯噪声量级的增大而增大，当 0<Std<0.045 时，$-0.1984<K<1.2501$，表明反演土壤水分的分布相对于正态分布约束较差，高斯噪声量级越大，土壤水分反演值集中在众数附近的趋势越大。反演土壤水分的偏度随高斯噪声量级的增大而增大，当 0<Std<0.045 时，0.0191<SK<0.6791，土壤水分分布明显呈右偏态，说明大部分土壤水分反演值都在均值左侧，土壤水分反演值的低估倾向比高估倾向更明显。这种非正态分布是由 M_v、Z_s 和 σ_{vv}^0 之间的非线性关系引起的，符合 Ma[117] 和 Verhoest 等[145] 的观察结果。反演土壤水分的四分位距随着量级的增大而增大，与 Z_s 的四分位距变化趋势一致，表明土壤水分反演值的离散程度受 Z_s 离散程度的影响。对比样区 D 与 E 的量化指标，发现样区 D 的偏度大于样区 E 的，说明土壤水分含量越低，其数值分布越趋向于正态分布；样区 D 的四分位距高于样区 E 的，说明样区 D 中土壤水分分布的离散程度与样区 E 相比较大。

6.2.4　误差控制范围

利用 AIEM 和限定的输入参数范围得到后向散射系数模拟数据集，AIEM 输入参数做如下限定：$s=1.4$cm，$l\in(10\text{cm}, 40\text{cm})$（统计采样点有效相关长度得到），步长为 1cm，$M_v\in(5\%, 50\%)$，步长为 1%，st = 22.23℃；sv = 24%，cv = 32%；θ 分别取 18.5°、22.5°、28.5°、33.5°、37°、41°、44°共 7 个值，可得到模拟数据集合（包括 Z_s、M_v 和对应的 σ_{pq}^0）。利用式（4.13）结合模拟数据得到如下 7 个不同 θ 下土壤水分

反演经验公式：

$$\sigma_{vv}^{0}=3.17011\ln M_{v}+6.96978\ln Z_{s}+9.99514 \quad \theta=18.5° \tag{6.5}$$

$$\sigma_{vv}^{0}=3.17134\ln M_{v}+9.46531\ln Z_{s}+10.63559 \quad \theta=22.5° \tag{6.6}$$

$$\sigma_{vv}^{0}=3.17362\ln M_{v}+12.08064\ln Z_{s}+10.67288 \quad \theta=28.5° \tag{6.7}$$

$$\sigma_{vv}^{0}=2.96032\ln M_{v}+13.56833\ln Z_{s}+9.96122 \quad \theta=33.5° \tag{6.8}$$

$$\sigma_{vv}^{0}=3.17775\ln M_{v}+14.35597\ln Z_{s}+9.70449 \quad \theta=37° \tag{6.9}$$

$$\sigma_{vv}^{0}=3.18050\ln M_{v}+15.06279\ln Z_{s}+9.03248 \quad \theta=41° \tag{6.10}$$

$$\sigma_{vv}^{0}=3.18345\ln M_{v}+15.48714\ln Z_{s}+8.47769 \quad \theta=44° \tag{6.11}$$

按照模拟数据中 Z_s 初始值的不同比例设置误差量级，在 Z_s 中加入不同量级的误差：±1%、±2%、±3%、±4%、±5%、±6%，然后将带有不同量级误差的 Z_s 代入到不同 θ 下反演式（6.5）~式（6.11）中得到的新的反演土壤水分。通过分析新的土壤水分反演值的RMSE，得到满足反演精度的 Z_s 误差范围。图6.9为不同 θ 下不同误差量级 Z_s 时土壤水分反演结果的RMSE响应折线。

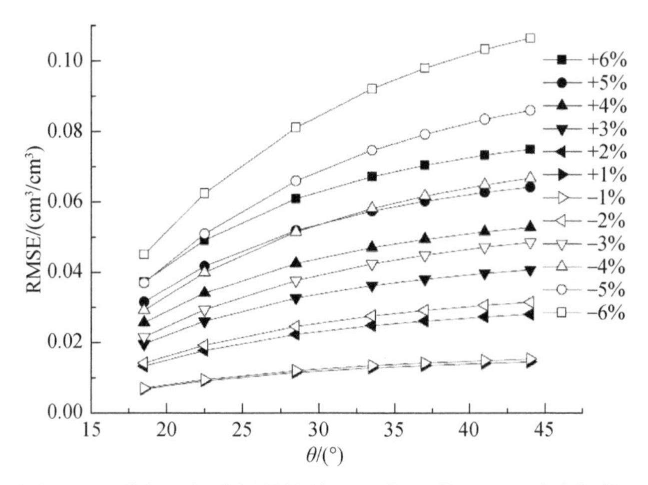

图6.9　不同 θ 下不同误差量级 Z_s 时 M_v 的RMSE响应折线

从图6.9中可以看出，所有RMSE响应折线都与 θ 正相关，即 θ 越小，不同误差量级的 Z_s 反演土壤水分的RMSE也越小，Z_s 的误差对反演结果的影响也越小。以SMOS土壤水分产品的精度RMSE=0.04cm³/cm³ 为标准，当 $\theta<18.5°$ 时，把 Z_s 的误差控制在初始值的（−5%，+6%）之内就可以满足精度要求；对于样区D、E，$\theta=33.5°$，Z_s 的误差控制在初始值的（−2%，+3%）之内可满足精度要求。表6.6为不同 θ 时 Z_s 的误差控制范围，从表6.6中可以看出，Z_s 的误差控制范围与 θ 的大小负相关。

表6.6　不同 θ 时 Z_s 的误差控制范围

θ/(°)	Z_s 的误差控制范围
18.5	（−5%，+6%）
22.5	（−4%，+4%）

续表

θ/(°)	Z_s 的误差控制范围
28.5	(−3%，+3%)
33.5	(−2%，+3%)
37	(−2%，+3%)
41	(−2%，+3%)
44	(−2%，+2%)

为了验证本书得到的不同 θ 时 Z_s 误差控制范围的有效性，本书选取了包含临泽地区的2008年5月24日、2008年7月11日和包含阿柔地区的2007年10月17日、2007年10月18日、2008年7月5日一共5幅ASAR数据，θ 分别进行归一化，利用临泽样区中采样点的土壤水分实测数据，将 s 固定为1.4cm，结合同期ASAR影像中的后向散射数据，利用LUT法反演得到采样点相应的有效相关长度和土壤水分。使用表6.6中 Z_s 误差控制范围为 Z_s 加入干扰噪声，然后利用LUT法反演得到带噪声的土壤水分，计算ASAR影像中样区采样点土壤水分反演值的RMSE，见表6.7。

表6.7　反演土壤水分RMSE

ASAR获取时间	样区	归一化入射角/(°)	Z_s 误差控制范围/%	RMSE
2008.5.24	临泽	18.5	5	0.029
2007.10.17	阿柔	22.5	4	0.036
2008.7.11	临泽	33.5	3	0.037
2007.10.18	阿柔	41	3	0.039
2008.7.5	阿柔	44	2	0.032

表6.7的结果表明，通过实测数据验证，本书得到的不同 θ 时 Z_s 误差控制范围在试验研究区内是有效的。

6.3　结　　论

通过样区D、E进行实验，对比分析不确定性指标的响应折线和土壤水分的RMSE响应折线，发现反演土壤水分的峰度、偏度和四分位距都随本书建立的 Z_s 高斯噪声量级的增大而增大，并选择临泽样区和阿柔样区不同 θ 的ASAR影像和同步实测数据对 Z_s 误差控制范围进行验证，得到以下结论。

（1）随着粗糙度参数噪声量级和参数集合方差的增大，根据粗糙度参数集合反演的土壤水分方差也随之增大，其中基于带噪声的参数 s 反演土壤水分的方差变动幅度最为明显，说明由参数 s 的不确定性引起的反演土壤水分的不确定性最大，而由 l 的不确定性引起的反演土壤水分的不确定性则相对较小。

（2）s 的噪声干扰在小雷达入射角时对土壤水分反演结果的影响比大雷达入射角时

弱。同样，l 的噪声干扰对土壤水分反演也有相似的影响，即随 θ 的增大，l 的噪声干扰对土壤水分反演结果的影响也逐渐增大。

(3) 在 $0<\mathrm{Std}<0.045$ 时，$-0.1984<K<1.2501$，说明高斯噪声量级越大，土壤水分反演值集中在众数附近的趋势越大；$0.0191<\mathrm{SK}<0.6791$，土壤水分分布呈右偏态，土壤水分反演值的低估倾向比高估倾向更明显，这种非正态分布是由 M_{v}、Z_{s} 和 σ_{vv}^{0} 之间的非线性关系引起的；反演土壤水分的四分位距与 Z_{s} 的四分位距变化趋势一致，表明土壤水分反演值的离散程度受 Z_{s} 离散程度的影响。

(4) 通过对样区 D、E 的量化指标进行对比，发现土壤水分含量越低，其数值分布越趋向正态分布。

(5) 雷达入射角越小，Z_{s} 的误差对反演结果的影响也越小，Z_{s} 误差控制范围与雷达入射角的大小呈负相关关系；通过不同雷达入射角的 ASAR 影像及同步实测数据的验证，本书得到的 Z_{s} 误差控制范围在临泽样区和阿柔样区内均可满足精度要求。

在对 Z_{s} 的不确定性及反演土壤水分的不确定性进行定量分析时，所采用的实测数据来自甘肃省临泽样地的有限数据，进行试验验证时采用的数据也都来自地势较平坦的临泽样地和阿柔样地。而地表的差异性对土壤水分反演结果有显著影响，需要综合考虑土壤质地、植被覆盖、地表温度和粗糙度等多种因素的不确定性，所以考虑到临泽样地和阿柔样地的地表类型，本书得到的结论适用于地表粗糙度较小的裸土和低矮稀疏植被覆盖区域。

6.4 本章小结

本章主要做了两方面的工作。首先选取粗糙度参数 s 和 l 进行不确定性分析，通过 LUT 土壤水分反演方法研究粗糙度参数在反演过程中的不确定性。使用 ENVISAT ASAR 影像，结合实测土壤水分数据，使用粗糙度参数的误差量级控制范围为各参数加入干扰噪声，计算采样点土壤水分反演值的 RMSE，来量化说明参数不确定性在反演过程中的传播。

然后，本章使用对 Z_{s} 加入不同量级的高斯噪声进行随机扰动的方法，来对 Z_{s} 的不确定性及反演土壤水分的不确定性进行定量分析，使用峰度、偏度和四分位距这 3 个指标来量化不确定性，并得到满足反演精度要求的 Z_{s} 误差控制范围。

第7章　结　　论

7.1　研 究 成 果

本书依托高分辨率对地观测系统重大专项“军事测绘专业处理与服务系统——地理空间信息融合处理分系统”（GFZX04040202-07），针对目前主动微波遥感土壤水分反演中存在的几个问题展开了研究和讨论，主要研究内容包括去除反演时引入地表参数的不确定性，去除参数尺度不匹配引起的不确定性，去除地表差异性造成算法不适用带来的不确定性，以及对主动微波遥感土壤水分反演方法的不确定性进行分析。通过研究与讨论，得出了以下结论和研究成果。

（1）现有的主动微波反演土壤水分的算法都不能完全脱离对地表实测数据的依赖，在反演过程中存在的典型问题包括反演精度对样本数据的质量依赖性强、反演中各参数的尺度不匹配、对粗糙度参数在主动微波反演土壤水分方法中的不确定性缺乏分析等。在主动微波反演土壤水分的研究和应用中，对反演过程中不确定性来源进行分析并研究有效去除不确定性的方法，是目前提高土壤水分反演精度的有效手段。

（2）P、L、S、C 和 X 频率下不同极化组合方式的极化后向散射系数对粗糙度参数的响应规律。AIEM 结合 Oh 模型可以准确地对自然地表多个频段微波极化后向散射系数进行精确的模拟，分析不同频率下不同极化组合方式的后向散射系数对粗糙度参数的响应规律，为 P、L、S、C 和 X 频率的微波反演地表参数提供了思路。

（3）基于曲面拟合思想构建组合粗糙度参数，去除组合粗糙度适用范围有限引起的不确定性。构建组合粗糙度时，考虑尽量在较大的参数取值范围内适用，建立均方根高度、相关长度和极化后向散射系数之间的曲面拟合方程以构建组合粗糙度，减少组合粗糙度不适用带来的不确定性。

（4）基于地表差异性的土壤水分反演方法。使用土壤水分反演经验方程在宏观尺度上进行反演时，需要考虑地表差异性造成算法不适用带来的不确定性。研究发现，针对主动微波遥感土壤水分反演的地表差异性，主要影响因子有土壤湿度分布、土壤质地、地表温度、NDVI、雷达入射角、后向散射系数和地形指数等，使用多元遥感影像分割和区域相似度的方法，可以在一定程度上表征地表差异性，有效提高土壤水分反演精度。

（5）参数尺度不匹配引起的不确定性。在反演过程中，参与反演的参数尺度不匹配是目前容易被忽视的问题。由于目前绝大多数理论模型、经验模型、半经验模型中的地表参数使用的都是均方根高度和相关长度，这两个参数都是基于微观尺度测量的，属于亚像元粗糙度，而后向散射系数是以像元为单位反映地表散射情况的，尺度不同必然会引入不确定性，因此需要使用像元尺度的粗糙度代替实测值。

(6) 有效粗糙度反演方法。有效粗糙度是代替粗糙度实测值的常用手段，有效粗糙度反演算法是假定均方根高度为一个固定值，但是在反演中可以发现不同的反演区域 s 取值不同会得到不同的反演精度，并不存在一个可以应用在所有区域的 s 取值。针对这个问题，以像元为单位计算雷达影像中每个像元的有效粗糙度参与土壤水分的反演，避免了寻找合适的 s 固定取值的问题，而且每个像元的有效粗糙度都是最佳有效粗糙度，有效提高了使用有效粗糙度反演土壤水分的精度。

(7) 基于概率的粗糙度反演方法。为了避免在粗糙度反演过程中使用实测数据引入新的不确定性，使用基于贝叶斯理论的粗糙度概率反演算法，根据后向散射系数之差、粗糙度取值范围可求得像元尺度的粗糙度参数。

(8) 量化分析粗糙度参数的不确定性。对土壤水分反演算法中的粗糙度参数（包括均方根高度、相关长度和组合粗糙度）进行不确定性量化分析，研究粗糙度参数的不确定性在土壤水分反演过程中的传播。

7.2　创　新　点

本书考虑到粗糙度参数不确定性的影响，对高空间分辨率主动微波遥感影像的土壤水分反演算法进行了改进，并对土壤水分反演的不确定性进行了分析，主要创新点如下。

(1) 提出了基于组合粗糙度和地表差异性的土壤水分反演算法。基于曲面拟合思想构建适用更大雷达入射角范围的组合粗糙度参数，并基于该组合粗糙度参数和地表参数实测值建立土壤水分反演经验方程。考虑到地表差异性的不确定性，使用区域相似度表征地表差异性，根据地表差异性的不同，使用反演经验方程选择合适的区域进行反演，反演结果证明了提出的反演算法在适用范围和反演精度上都有优势，在一定程度上消除了粗糙度和地表差异性的不确定性。

(2) 提出了改进的有效粗糙度参数反演算法。针对目前有效粗糙度反演算法中忽略不同地表差异性导致均方根高度取值固定的问题，构建了基于像元的最佳有效均方根高度、有效相关长度与后向散射系数之间的经验函数，从而可以逐像元求得有效粗糙度，避免采用地表粗糙度的实测值，验证结果表明该方法可有效降低传统有效粗糙度算法的不确定性。

(3) 提出了基于像元尺度的粗糙度概率反演算法。使用 ASAR 影像，基于贝叶斯理论构建粗糙度的双参数概率反演算法，得到均方根高度和相关长度的后验概率分布，在此基础上利用边缘概率分布计算得到粗糙度参数的分布，再计算各粗糙度参数的数学期望得到粗糙度参数的最优估计，以粗糙度参数的方差来量化反演结果的不确定性。结果表明，基于贝叶斯理论的粗糙度反演算法可以得到较为准确的像元尺度粗糙度，在反演过程中不依赖地表参数的实测值，能够很好地去除反演过程中由实测数据引入的不确定性。

(4) 对粗糙度参数（包括组合粗糙度参数）进行了不确定性量化分析。分析结果表明：随着入射角的增大，均方根高度和相关长度的噪声干扰对反演结果的影响也逐渐增大。组合粗糙度高斯噪声标准差为 0 ~ 0. 045 时，峰度取值为 -0. 1984 ~ 1. 2501，偏度取值为 0. 0191 ~ 0. 6791，四分位距取值为 0. 0018 ~ 0. 0167，3 个量化指标都随组合粗糙度高斯噪声量级的增大而增大，土壤水分反演值有集中在众数附近的趋势，土壤水分低估倾向比高估倾向更明显，组合粗糙度的误差控制范围可满足反演精度要求，误差控制范围与入射角负相关。

7.3 不足之处

本书就主动微波遥感反演土壤水分时去除地表粗糙度引入的不确定性进行了研究和探索，取得了一定的研究成果，但仍有诸多需要继续完善的不足之处。

（1）本书对后向散射系数的分析及后续研究都是基于 AIEM 和 Oh 模型的，这两个模型虽然能很好地模拟裸露地表及低矮稀疏植被覆盖地表的后向散射系数，但是对植被覆盖较浓密地表的模拟不是很理想，需要结合植被覆盖的反演方法把研究成果推广到更大范围的区域。

（2）虽然基于像元的粗糙度反演算法可以避免在反演过程中直接使用带有不确定性的粗糙度参数实测值，而且有效提高了反演精度，但是由于要逐像元反演粗糙度，增加了运算量，降低了反演速度，这需要在反演粗糙度时引入地表参数的先验知识，选择合适的取值范围。如何缩小地表参数的取值范围而不影响反演精度，下一步将继续研究。

（3）粗糙度参数不确定性量化后，如何尽可能有效避免各方面带来的不确定性，以提高反演精度，是需要深入研究的问题。

参考文献

[1]王鹏. 深海沉积物微生物多样性及其与环境相互关系的研究[D]. 中国海洋大学博士学位论文,2005.

[2]周旗. 关中平原土壤水环境变化与植被建设[D]. 陕西师范大学博士学位论文,2005.

[3]Korzoun V I,Sokolov A A. World water balance and water resources of the earth[M]. Moscow-Leningrad: Hydrometeorological Publishing,1974.

[4]刘昌明,杜伟. 考虑环境因素的水资源联合利用最优化分析[J]. 水利学报,1986,(5):40-46.

[5]李旺霞,陈彦云. 土壤水分及其测量方法的研究进展[J]. 江苏农业科学,2014,42(10):335-339.

[6]陈莹莹,施建成. 一个基于集合卡尔曼滤波的土壤水分同化方案[C]. 桂林:2008 海峡两岸遥感大会,2008.

[7]吴龙刚,王爱慧,盛炎平. 土壤质地对中国区域陆面过程模拟的影响[J]. 气候与环境研究,2014,19(5):559-571.

[8]赵天杰,张立新,蒋玲梅,等. 双频极化 SAR 反演玉米种植区土壤水分[C]. 桂林:2008 海峡两岸遥感大会,2008.

[9]卫炜,周清波,毛克彪,等. 利用归一化微波差异指数和表面散射模型反演裸露地表土壤水分[J]. 遥感信息,2012,27(3):3-10.

[10]田汉勤,徐小锋,宋霞. 干旱对陆地生态系统生产力的影响[J]. 植物生态学报,2007,31(2):231-241.

[11]张苏. 叶绿素密度遥感反演与冬小麦单产估算研究[D]. 西安科技大学硕士学位论文,2014.

[12]岳彩娟,王彩艳,余峰,等. 遥感技术监测土壤水分的研究进展[J]. 宁夏农林科技,2010,(2):47-49.

[13]马媛. 新疆土壤湿度的微波反演及应用研究[D]. 新疆大学博士学位论文,2007.

[14]蒋兴伟,林明森,宋清涛. 海洋二号卫星主被动微波遥感探测技术研究[J]. 中国工程科学,2013,15(7):4-11.

[15]郭英,沈彦俊,赵超. 主被动微波遥感在农区土壤水分监测中的应用初探[J]. 中国生态农业学报,2011,19(5):1162-1167.

[16]杨永恬. 基于多源遥感数据的森林蓄积量估测方法研究[D]. 中国林业科学研究院博士学位论文,2010.

[17]刘万侠,王娟,刘凯,等. 植被覆盖地表主动微波遥感反演土壤水分算法研究[J]. 热带地理,2007,27(5):411-415.

[18]余琴. C 波段多极化 SAR 反演积雪湿度模型研究[D]. 中国科学院研究生院(遥感应用研究所)硕士学位论文,2004.

[19]石心莺. 基于改进果蝇算法优化最小二乘支持向量机模型的土壤湿度反演研究[D]. 浙江大学硕士学位论文,2016.

[20]陈鲁皖,韩玲,秦小宝,等. 基于区域特征相似度的微波土壤水分反演结果可信度评价[J]. 水资源与水工程学报,2018,(1).

[21]王定文. 机载 L 波段微波辐射计数据反演干旱区土壤水分的不确定性研究[D]. 中国科学院大学硕士学位论文,2016.

[22]柳钦火. 定量遥感模型、应用及不确定性研究[M]. 北京:科学出版社,2010.

[23]甄珮珮. 基于粗糙度参数的风沙滩地区土壤水分微波遥感反演模型研究[D]. 长安大学硕士学位

论文,2016.
[24]武彬. 基于 RADARSAT-2 的稀疏植被覆盖区地表土壤水分反演[D]. 长安大学硕士学位论文,2015.
[25]王树果,李新,韩旭军,等. 利用多时相 ASAR 数据反演黑河流域中游地表土壤水分[J]. 遥感技术与应用,2009,24(5):582-587.
[26]李菁菁. 考虑稀疏植被影响的地表土壤水分微波遥感反演[D]. 长安大学硕士学位论文,2016.
[27]徐智,李彪. 基于极化雷达的裸露地表土壤水分反演研究[J]. 长江科学院院报,2015,32(11):125-129.
[28]Hart S G, Staveland L E. Development of NASA-TLX (Task Load Index): Results of Empirical and Theoretical Research[J]. Advances in Psychology,1988,52(6):139-183.
[29]张盼. 基于 ScanSAR 海冰图像的冰水解译[D]. 合肥工业大学硕士学位论文,2016.
[30]Qi Z, Yeh G O, Li X, et al. A novel algorithm for land use and land cover classification using RADARSAT-2 polarimetric SAR data[J]. Remote Sensing of Environment,2012,118:21-39.
[31]Solberg A H S, Brekke C, Husoy P O. Oil Spill Detection in Radarsat and Envisat SAR Images[J]. IEEE Transactions on Geoscience & Remote Sensing,2007,45(3):746-755.
[32]Nagler T, Rott H, Hetzenecker M, et al. The Sentinel-1 Mission: New Opportunities for Ice Sheet Observations[J]. Remote Sensing,2015,7(7):9371.
[33]Werninghaus R, Buckreuss S. The TerraSAR-X mission and system design[J]. IEEE Transactions on Geoscience & Remote Sensing,2010,48(2):606-614.
[34]Rossi C, Gonzalez F R, Fritz T, et al. TanDEM-X calibrated Raw DEM generation[J]. Isprs Journal of Photogrammetry & Remote Sensing,2012,73(9):12-20.
[35]耿旭朴,薛思涵. 合成孔径雷达星座发展综述[J]. 地理信息世界,2017,24(4):58-63.
[36]高二涛. 基于高分辨率 SAR 影像监测高速铁路沿线形变研究[D]. 西南交通大学硕士学位论文,2017.
[37]李莹. 基于 SAR 图像的海洋溢油检测系统的研究与设计[D]. 山东科技大学硕士学位论文,2012.
[38]Himematsu Y, Furuya M. Erratum to: fault source model for the 2016 Kumamoto earthquake sequence based on ALOS-2/PALSAR-2 pixel-offset data: evidence for dynamic slip partitioning[J]. Earth Planets & Space,2016,68(1):196.
[39]Shellito P J, Small E E, Colliander A, et al. SMAP soil moisture drying more rapid than observed in situ following rainfall events[J]. Geophysical Research Letters,2017,43(15):8068-8075.
[40]秦焕禹. 基于遥感影像的低空飞行可视化航图绘制研究[D]. 北华航天工业学院硕士学位论文,2016.
[41]孙德伟. 空间红外遥感器机械系统及其关键技术研究[D]. 哈尔滨工业大学博士学位论文,2011.
[42]吴玉峰. 多模式 SAR 成像及参数估计方法研究[D]. 西安电子科技大学博士学位论文,2014.
[43]李高峰,宋博. 国外雷达成像侦察卫星发展研究[J]. 国际太空,2012,(9):44-47.
[44]谢世琴. 基于高分遥感影像的农村居民点提取研究[D]. 四川师范大学硕士学位论文,2017.
[45]Wang H, Liao T H, Shi J, et al. Rough surface effects on active and passive microwave remote sensing of soil moisture at L-band using 3D fast solution of Maxwell's equations[C]. Proceedings of SPIE, Bellingham,2014.
[46]潘晨,东方星. 高分-3 卫星首批微波遥感影像图对外公布[J]. 国际太空,2016,(9):45-47.
[47]朱良,郭巍,禹卫东. 合成孔径雷达卫星发展历程及趋势分析[J]. 现代雷达,2009,31(4):5-10.
[48]谢锋. 基于小波包与数学形态学的道路信息提取研究[D]. 长沙理工大学硕士学位论文,2005.

[49]程宇. 考虑植被覆盖和热辐射方向性的热惯量法土壤水分反演研究[D]. 中国科学院研究生院(遥感应用研究所)硕士学位论文,2006.

[50]Das N N,Entekhabi D,Njoku E G. An algorithm for merging SMAP radiometer and radar data for high-resolution soil-moisture retrieval[J]. IEEE Transactions on Geoscience & Remote Sensing,2011,49(5):1504-1512.

[51]Jackson T J,Le V D,Swift C T,et al. Large area mapping of soil moisture using the ESTAR passive microwave radiometer in Washita '92[J]. Remote Sensing of Environment,1994,54(1):27-37(11).

[52]Bindlish R,Barros A P. Multifrequency soil moisture inversion from SAR measurements with the use of IEM[J]. Remote Sensing of Environment,2000,71(1):67-88.

[53]Burke E J,Shuttleworth W J,Harlow R C. Using MICRO-SWEAT to model microwave brightness temperatures measured during SGP97[J]. J Hydrometeor,2015,4(2003):460-472.

[54]Njoku E G,Wilson W J,Yueh S H,et al. Observations of soil moisture using a passive and active low-frequency microwave airborne sensor during SGP99[J]. Geoscience & Remote Sensing IEEE Transactions on,2002,40(12):2659-2673.

[55]Njoku E G,Jackson T J,Lakshmi V,et al. Soil moisture retrieval from AMSR-E[J]. IEEE Transactions Geoscience & Remote Sensing,2003,41(2):215-229.

[56]Jacobs J M,Mohanty B P,Hsu E C,et al. SMEX02:Field scale variability,time stability and similarity of soil moisture[J]. Remote Sensing of Environment,2004,92(4):436-446.

[57]Bosch D D,Lakshmi V,Jackson T J,et al. Large scale measurements of soil moisture for validation of remotely sensed data:Georgia soil moisture experiment of 2003[J]. Journal of Hydrology,2006,323(1):120-137.

[58]Yilmaz M T,Jr E R H,Goins L D,et al. Vegetation water content during SMEX04 from ground data and Landsat 5 Thematic Mapper imagery[J]. Remote Sensing of Environment,2008,112(2):350-362.

[59]Panciera R,Walker J P,Kalma J D,et al. The NAFE'05/CoSMOS data set:Toward SMOS soil moisture retrieval,downscaling,and assimilation[J]. IEEE Transactions on Geoscience & Remote Sensing,2008,46(3):736-745.

[60]Utku C,Vine D M L. A model for prediction of the impact of topography on microwave emission[J]. IEEE Transactions on Geoscience & Remote Sensing,2011,49(1):395-405.

[61]Schildkraut J M,Abbott S E,Alberg A J,et al. Association between body powder use and ovarian cancer:the African American Cancer Epidemiology Study (AACES)[J]. Cancer epidemiology,biomarkers & prevention:a publication of the American Association for Cancer Research,cosponsored by the American Society of Preventive Oncology,2016,25(10):1411.

[62]郑磊. 基于微波遥感的裸露地表土壤水分反演研究[D]. 内蒙古农业大学硕士学位论文,2014.

[63]Magagi R,Berg A A,Goita K,et al. Canadian Experiment for Soil Moisture in 2010 (CanEx-SM10):overview and preliminary results[J]. IEEE Transactions on Geoscience & Remote Sensing,2013,51(1):347-363.

[64]Panciera R,Walker J P,Jackson T J,et al. The Soil Moisture Active Passive Experiments (SMAPEx):toward soil moisture retrieval from the SMAP mission[J]. IEEE Transactions on Geoscience & Remote Sensing,2013,52(1):490-507.

[65]Jackson T J,Cosh M,Dinardo S,et al. Soil Moisture Active Passive Validation Experiment 2008 (SMAPVEX08)[J]. American Geophysical Union,2008.

[66]Park J,Johnson J T,Majurec N,et al. Airborne L-band radio frequency interference observations from the

SMAPVEX08 campaign and associated flights[J]. IEEE Transactions on Geoscience & Remote Sensing, 2011,49(9):3359-3370.

[67] Mcnairn H, Jackson T J, Wiseman G, et al. The Soil Moisture Active Passive Validation Experiment 2012 (SMAPVEX12): prelaunch calibration and validation of the SMAP soil moisture algorithms[J]. IEEE Transactions on Geoscience & Remote Sensing, 2015,53(5):2784-2801.

[68] Cai X, Pan M, Chaney N W, et al. Validation of SMAP soil moisture for the SMAPVEX15 field campaign using a hyper-resolution model[J]. Water Resources Research, 2017,53(4):3013-3028.

[69] White W A, Cosh M H, Mckee L, et al. Vegetation water content mapping for agricultural regions in SMAPVEX16[C]. Louisiana: Agu Fall Meeting, 2017.

[70] 李新,李小文,李增元. 黑河综合遥感联合试验数据发布[J]. 遥感技术与应用,2011,(6).

[71] Xin L I, Jin R, Liu S, et al. Upscaling research in HiWATER: progress and prospects[J]. Journal of Remote Sensing, 2016,20(5):1993-2002.

[72] 李森. 基于IEM的多波段、多极化SAR土壤水分反演算法研究[D]. 中国农业科学院博士学位论文,2007.

[73] 李俐,王荻,潘彩霞,等. 土壤水分反演中的主动微波散射模型[J]. 国土资源遥感,2016,28(4):1-9.

[74] 钟若飞. 神舟四号飞船微波辐射计数据处理与地表参数反演研究[D]. 中国科学院研究生院(遥感应用研究所)博士学位论文,2005.

[75] Fung A K, Li Z, Chen K S. Backscattering from a randomly rough dielectric surface. IEEE Trans Geosci Remote Sens[J]. IEEE Transaction on Geoscience & Remote Sensing, 1992,30(2):356-369.

[76] Ulaby F T, Moore R K, Fung A K. Microwave remote sensing—active and passive[J]. Geological Magazine, 1987, 19(4):311-320.

[77] Ulaby F T, Elachi C. Radar polarimetry for geoscience applications[J]. Artech House, 1990,5(3):38-38.

[78] Sarabandi K, Polatin P F, Ulaby F T. Monte Carlo simulation of scattering from a layer of vertical cylinders[J]. IEEE Transactions on Antennas & Propagation, 1993,41(4):465-475.

[79] Karam M A, Fung A K, Antar Y M M. Electromagnetic wave scattering from some vegetation samples[J]. Geoscience & Remote Sensing IEEE Transactions on, 1988,26(6):799-808.

[80] Karam M A, Fung A K. Leaf-shape effects in electromagnetic wave scattering from vegetation[J]. IEEE Transactions on Geoscience & Remote Sensing, 1989,27(6):687-697.

[81] Chuah H T, Tjuatja S, Fung A K, et al. A phase matrix for a dense discrete random medium: evaluation of volume scattering coefficient[J]. Geoscience & Remote Sensing IEEE Transactions on, 1996,34(5):1137-1143.

[82] Mackie E J, Ahmed Y A, Tatarczuch L, et al. Endochondral ossification: how cartilage is converted into bone in the developing skeleton.[J]. Int J Biochem Cell Biol, 2008,40(1):46-62.

[83] Chen K S, Manian P, Koeuth T, et al. Homologous recombination of a flanking repeat gene cluster is a mechanism for a common contiguous gene deletion syndrome.[J]. Nature Genetics, 1997,17(2):154.

[84] Wu T D, Chen K S, Shi J, et al. A study of an AIEM model for bistatic scattering from randomly rough surfaces[J]. IEEE Transactions on Geoscience & Remote Sensing, 2008,46(9):2584-2598.

[85] Zeng J, Chen K S, Bi H, et al. A comprehensive analysis of rough soil surface scattering and emission predicted by AIEM with comparison to numerical simulations and experimental measurements[J]. IEEE Transactions on Geoscience & Remote Sensing, 2017,55(99):1-13.

[86] Shi J, Jiang L, Zhang L, et al. A parameterized multifrequency-polarization surface emission model[J].

IEEE Transactions on Geoscience & Remote Sensing,2005,43(12):2831-2841.

[87]行敏锋. 生态脆弱区植被生物量和土壤水分的主被动遥感协同反演[D]. 电子科技大学博士学位论文,2015.

[88]Oh Y,Sarabandi K,Ulaby F T. Semi-empirical model of the ensemble-averaged differential Mueller matrix for microwave backscattering from bare soil surfaces[J]. Geoscience & Remote Sensing IEEE Transactions on,2002,40(6):1348-1355.

[89]Oh Y. Quantitative retrieval of soil moisture content and surface roughness from multipolarized radar observations of bare soil surfaces[J]. Geoscience & Remote Sensing IEEE Transactions on,2004,42(3):596-601.

[90]Oh Y,Kay Y C. Condition for precise measurement of soil surface roughness[J]. IEEE Trans Geoscience & Remote Sensing,1998,36(2):691 - 695.

[91]韩玲,陈鲁皖,秦小宝,等. 一种基于遥感的土壤水分反演方法和装置:CN106569210A[P]. 2017.

[92]Dubois P C, Van Zyl J, Engman T. Measuring soil moisture with imaging radars [J]. IEEE Trans. geosci. remote Sens,1995,33(4):915-926.

[93]Shi,Yuhui,Eberhart,et al. Parameter selection in particle swarm optimization[M]. Berlin:Springer,1998:591-600.

[94]周鹏,丁建丽,高婷婷. C 波段多极化 SAR 反演土壤水分研究[J]. 新疆农业科学,2010,47(7):1416-1420.

[95]刘伟,施建成,余琴,等. 地表土壤水分与雷达后向散射系数及入射角之间关系研究[J]. 国土资源遥感,2004,16(3):14-17.

[96]Mcdonald K C,Dobson M C,Ulaby F T. Using mimics to model L-band multiangle and multitemporal backscatter from a walnut orchard[J]. IEEE Transactions on Geoscience & Remote Sensing, 1990, 28(4):477-491.

[97]张振龙,曾志远,李硕,等. 遥感变化检测方法研究综述[J]. 遥感信息,2005,2005(5):64-66.

[98]Kim Y J,Zyl J J V. A time-series approach to estimate soil moisture using polarimetric radar data. [J]. IEEE Transactions on Geoscience & Remote Sensing,2009,47(8):2519-2527.

[99]Moran M S,Hymer D C,Qi J,et al. Soil moisture evaluation using multi-temporal synthetic aperture radar (SAR) in semiarid rangeland[J]. Agricultural & Forest Meteorology,2000,105(1):69-80.

[100]Pathe C,Wagner W,Sabel D,et al. Using ENVISAT ASAR global mode data for surface soil moisture retrieval over Oklahoma,USA[J]. IEEE Transactions on Geoscience & Remote Sensing,2009,47(2):468-480.

[101]Wigneron J P,Loumagne C,Normand M. Estimation of watershed soil moisture index from ERS/SAR Data[J]. Remote Sensing of Environment,2000,72(3):290-303.

[102]Kasischke E S. Remote monitoring of spatial and temporal surface soil moisture in fire disturbed boreal forest ecosystems with ERS SAR imagery[J]. International Journal of Remote Sensing,2007,28(10):2133-2162.

[103]Zribi M. Evaluation of radar backscatter models IEM,OH and Dubois using experimental observations [J]. International Journal of Remote Sensing,2006,27(18):3831-3852.

[104]Roo R D D,Du Y,Ulaby F T,et al. A semi-empirical backscattering model at L-band and C-band for a soybean canopy with soil moisture inversion[J]. IEEE Transactions on Geoscience and Remote Sensing,2001,39(4):864-872.

[105]Joseph A T,Velde R V D,O´Neill P E,et al. Effects of corn on C- and L-band radar backscatter:a

correction method for soil moisture retrieval[J]. Remote Sensing of Environment, 2011, 114(11): 2417-2430.

[106] Merzouki A, Mcnairn H, Pacheco A. Mapping soil moisture using RADARSAT-2 data and local autocorrelation statistics[J]. IEEE Journal of Selected Topics in Applied Earth Observations & Remote Sensing, 2011, 4(1):128-137.

[107] Notarnicola C. Retrieval of soil moisture variations in agricultural fields through a new Bayesian change detection approach[C]. Munich: Geoscience and Remote Sensing Symposium. IEEE, 2012:1235-1238.

[108] 仝玉婷. 基于PSO_LSSVR算法的空气质量预测[J]. 上饶师范学院学报,2017,37(3):33-38.

[109] Paloscia S, Pettinato S, Santi E, et al. Soil moisture mapping using Sentinel-1 images: algorithm and preliminary validation[J]. Remote Sensing of Environment, 2013, 134(4):234-248.

[110] Ahmad S, Kalra A, Stephen H. Estimating soil moisture using remote sensing data: a machine learning approach[J]. Advances in Water Resources, 2010, 33(1):69-80.

[111] 陈鲁皖,韩玲,王文娟,等. 地表组合粗糙度不确定性引起的SAR反演土壤水分的不确定性分析[J]. 地球信息科学学报,2018,20(1):108-118.

[112] Keyser E D, Vernieuwe H, Lievens H, et al. Assessment of SAR-retrieved soil moisture uncertainty induced by uncertainty on modeled soil surface roughness[J]. International Journal of Applied Earth Observation & Geoinformation, 2012, 18(1):176-182.

[113] FernÁndez-GÁlvez J. Errors in soil moisture content estimates induced by uncertainties in the effective soil dielectric constant[J]. International Journal of Remote Sensing, 2008, 29(11):3317-3323.

[114] Verhoest N E C, Lievens H, Wagner W, et al. On the soil roughness parameterization problem in soil moisture retrieval of bare surfaces from synthetic aperture radar[J]. Sensors, 2008, 8(7):4213.

[115] 李大治. L波段土壤水分反演的不确定性分析及其反演策略研究——以HiWATER PLMR数据为例[D]. 中国科学院大学硕士学位论文,2014.

[116] 陈鲁皖,韩玲,王文娟,等. 基于参数不确定性分析的SAR土壤水分反演精度控制方法[J]. 测绘工程,2018(4):6-13.

[117] Ma C, Li X, Notarnicola C, et al. Uncertainty quantification of soil moisture estimations based on a Bayesian probabilistic inversion[J]. IEEE Transactions on Geoscience and Remote Sensing, 2017:1-14.

[118] Vernieuwe H, Verhoest N E C, Lievens H, et al. Possibilistic soil roughness identification for uncertainty reduction on SAR-retrieved soil moisture[J]. IEEE Transactions on Geoscience & Remote Sensing, 2011, 49(2):628-638.

[119] Konings A G, Entekhabi D, Chan S K, et al. Effect of radiative transfer uncertainty on L-band radiometric soil moisture retrieval[J]. IEEE Transactions on Geoscience & Remote Sensing, 2011, 49(7):2686-2698.

[120] 王丹. 基于SAR图像的土壤水分反演技术研究[D]. 中国科学院大学硕士学位论文,2013.

[121] 马春锋. 土壤水分微波遥感模型与反演的不确定性研究[D]. 中国科学院大学博士学位论文,2016.

[122] Skolnik M I. Fluttar DEW-Line Gap-Filler[M]. Advances in Bistatic Radar. UK: IET Digital Library, 2007.

[123] Ulaby F T. 应用电磁学基础(第4版)[M]. 尹华杰译. 北京:人民邮电出版社,2007.

[124] 孙家抦,舒宁,关泽群. 遥感原理、方法和应用[M]. 北京:测绘出版社,1997.

[125] 张庆君. 卫星极化微波遥感技术[M]. 北京:中国宇航出版社,2015.

[126] 鲍艳松. 多源遥感数据冬小麦长势监测研究[D]. 北京师范大学博士学位论文,2006.

[127] Woodhouse I H. 微波遥感导论[M]. 董晓龙译. 北京:科学出版社,2014.

[128] Fung A K, Chen K S. A validation of the IEM surface scattering model[C]. New York: Quantitative Remote Sensing for Science and Applications, International. IEEE, 1995: 933-935 vol. 2.

[129] 亢阳卉,王锦地,周红敏,等. 多角度遥感估算土壤表面粗糙度[C]. 哈尔滨:海峡两岸遥感遥测会议. 2012.

[130] 钟亮. 土壤微波遥感机理研究[D]. 电子科技大学硕士学位论文,2008.

[131] 刘伟. 植被覆盖地表极化雷达土壤水分反演与应用研究[D]. 中国科学院遥感应用研究所博士学位论文,2005.

[132] 刘波. 基于 Envisat Asar 的咸潮特征研究——以珠江三角洲为例[D]. 中山大学硕士学位论文,2007.

[133] Delmote P, Dnbois C, Andrieu J, et al. The UWB SAR system PULSAR: new generator and antenna developments[J]. Proc Spie, 2003, 5077: 223-234.

[134] Oh Y, Sarabandi K, Ulaby F T. Semi- empirical model of the ensemble- averaged differential Mueller matrix for microwave backscattering from bare soil surfaces[J]. Geoscience & Remote Sensing IEEE Transactions on, 2002, 40(6): 1348-1355.

[135] Sultansalem A K, Tyler G L. Validity of the Kirchhoff approximation for electromagnetic wave scattering from fractal surfaces[J]. Geoscience & Remote Sensing IEEE Transactions on, 2004, 42(9): 1860-1870.

[136] 任鑫. 多极化、多角度 SAR 土壤水分反演算法研究[D]. 中国科学院研究生院(遥感应用研究所)硕士学位论文,2004.

[137] 江冲亚,方红亮,魏珊珊. 地表粗糙度参数化研究综述[J]. 地球科学进展,2012,27(3):292-303.

[138] Zribi M, Dechambre M. A new empirical model to retrieve soil moisture and roughness from radar data[J]. Remote Sensing of Environment, 2002, 84(1): 42-52.

[139] 余凡,赵英时. 合成孔径雷达反演裸露地表土壤水分的新方法[J]. 武汉大学学报信息科学版,2010,35(3):317-321.

[140] 陈晶,贾毅,余凡. 双极化雷达反演裸露地表土壤水分[J]. 农业工程学报,2013,29(10):109-116.

[141] 余凡,李海涛,张承明,等. 利用双极化微波遥感数据反演土壤水分的新方法[J]. 武汉大学学报信息科学版,2014,39(2):225-228.

[142] 孔金玲,甄珮珮,李菁菁,等. 基于新的组合粗糙度参数的土壤水分微波遥感反演[J]. 地理与地理信息科学,2016,32(3):34-38.

[143] 蒋金豹,张玲,崔希民,等. 基于 L 波段的裸土区土壤水分微波遥感反演研究[J]. 土壤,2014,46(2):361-365.

[144] Baghdadi N, Holah N, Zribi M. Calibration of the integral equation model for SAR data in C-band and HH and VV polarizations[J]. International Journal of Remote Sensing, 2006, 27(4): 805-816.

[145] Lievens H, Vernieuwe H, Alvarezmozos J, et al. Error in radar-derived soil moisture due to roughness parameterization: an analysis based on synthetical surface profiles[J]. 2009.

[146] 王军战,张友静,鲍艳松,等. 基于 ASAR 双极化雷达数据的半经验模型反演土壤湿度[J]. 地理与地理信息科学,2009,25(2):5-9.

[147] 陈鲁皖,韩玲,张武,等. 基于多元遥感影像分割和区域特征相似度的微波土壤水分反演靶区选择方法[J]. 地理与地理信息科学,2018,34(1):32-39.

[148] 赵英时. 遥感应用分析原理与方法[M]. 北京:科学出版社,2003.

[149] 覃志豪,Zhang M H, Karnieli A, Berliner P. 用陆地卫星 TM6 数据演算地表温度的单窗算法[J]. 地

理学报,2001,56(4):456-466.

[150]洪奕丰,严恩萍,林辉,等. 浙东地貌形态与土地覆被格局关系的研究[J]. 中南林业科技大学学报,2012,32(3):63-69.

[151]Fukunaga K, Hostetler L D. The estimation of the gradient of a density function, with applications in pattern recognition[J]. IEEE Trans. Information Theory,1975,(21):32-40.

[152]梁慧琳. 基于颜色纹理特征的均值漂移图像分割改进算法研究[D]. 宁夏大学硕士学位论文,2013.

[153]宋宇晨,张玉英,孟海东. 一种基于加权欧氏距离聚类方法的研究[J]. 计算机工程与应用,2007,43(4):179-180.

[154]Lievens H, Verhoest N E C. On the retrieval of soil moisture in wheat fields from L-band sar based on water cloud modeling, the IEM, and effective roughness parameters[J]. IEEE Geoscience & Remote Sensing Letters,2011,8(4):740-744.

[155]李明亮. 基于贝叶斯统计的水文模型不确定性研究[D]. 清华大学博士学位论文,2012.

[156]Jackson C, Sen M K, Stoffa P L. An efficient stochastic bayesian approach to optimal parameter and uncertainty estimation for climate model predictions[J]. Journal of Climate,2004,17(14):2828-2841.

[157]Xu T, White L, Hui D, et al. Probabilistic inversion of a terrestrial ecosystem model: Analysis of uncertainty in parameter estimation and model prediction[J]. Global Biogeochemical Cycles, 2006, 20(2):GB2007.

[158]Hararuk O, Luo Y. Improvement of global litter turnover rate predictions using a Bayesian MCMC approach[J]. Ecosphere,2016,5(12):1-13.

[159]Liang J, Li D, Shi Z, et al. Methods for estimating temperature sensitivity of soil organic matter based on incubation data: A comparative evaluation[J]. Soil Biology & Biochemistry,2015,80(80):127-135.

[160]Hararuk O, Xia J, Luo Y. Evaluation and improvement of a global land model against soil carbon data using a Bayesian Markov chain Monte Carlo method [J]. Journal of Geophysical Research Biogeosciences,2014,119(3):403-417.

[161]Xin L. Characterization, controlling, and reduction of uncertainties in the modeling and observation of land-surface systems[J]. Science China Earth Sciences,2014,57(1):80-87.

[162]盛骤. 概率论与数理统计:第三版[M]. 北京:高等教育出版社,2001.